Nurullo Zikrillayev
Elyor Saitov

Materiały silikonowe - przyszłość fotowoltaiki

Nurullo Zikrillayev
Elyor Saitov

Materiały silikonowe - przyszłość fotowoltaiki

Technologia nanoklastrów na bazie krzemu jako obiecujący materiał dla fotowoltaiki

Wydawnictwo Bezkresy Wiedzy

Imprint
Any brand names and product names mentioned in this book are subject to trademark, brand or patent protection and are trademarks or registered trademarks of their respective holders. The use of brand names, product names, common names, trade names, product descriptions etc. even without a particular marking in this work is in no way to be construed to mean that such names may be regarded as unrestricted in respect of trademark and brand protection legislation and could thus be used by anyone.

Cover image: www.ingimage.com

This book is a translation from the original published under ISBN 978-620-0-50311-4.

Publisher:
Wydawnictwo Bezkresy Wiedzy
is a trademark of
Dodo Books Indian Ocean Ltd., member of the OmniScriptum S.R.L Publishing group
str. A.Russo 15, of. 61, Chisinau-2068, Republic of Moldova Europe
Printed at: see last page
ISBN: 978-620-0-81513-2

Z wdzięcznością dla moich przyjaciół i kolegów, z którymi mieliśmy okazję pracować nad problemami poruszonymi w tej pracy, N.I. Bezzubov, Z.A. Razykov, M.M. Yunusov, bez udziału których te materiały i badania nie mogłyby mieć miejsca.

Spis treści

WPROWADZENIE 5

ROZDZIAŁ 1 PROCESY POWSTAWANIA RADIOAKTYWNOŚCI 7

ZANIECZYSZCZENIE SPOWODOWANE PRZEZ CZŁOWIEKA 7

ROZDZIAŁ 2 METODY BADANIA SKŁADOWISK ODPADÓW POFLOTACYJNYCH I ZANIECZYSZCZEŃ TERENÓW PRZYLEGŁYCH33

ROZDZIAŁ 3. SYTUACJA BIEŻĄCA I PROGNOZA 63

SYTUACJA RADIACYJNA 63

Literatura 115

WPROWADZENIE

W wyniku działania przedsiębiorstw zajmujących się wydobyciem i przetwarzaniem paliwa jądrowego (NFC) na sąsiednich terenach powstają wysypiska śmieci i radioaktywne składowiska odpadów radioaktywnych. Kwestie ich wpływu na środowisko wymagają rozwiązań w zakresie zadań związanych z gospodarką odpadami. Szczególne obawy budzą składowiska odpadów promieniotwórczych w republikach Azji Środkowej. Miejsca składowania są w wielu przypadkach zlokalizowane w pobliżu osiedli i ważnych arterii wodnych. Większość składowisk odpadów resztkowych nie posiada niezbędnej ochrony, aby ograniczyć ich wpływ na środowisko. Stanowią one realne zagrożenie, wyrażające się w zanieczyszczeniu wód gruntowych, zlewni i pokrycia terenu.

Znaczna masa odpadów radioaktywnych przedostaje się do środowiska bezpośrednio przez atmosferę. Ich wpływ promieniowania na ludność i ekosystem może tworzyć sytuacje, które wymagają lokalizacji i środków łagodzących. Dlatego też coraz ważniejsza staje się kontrola skażenia promieniotwórczego obiektów środowiska naturalnego. Zadania tego nie da się jednak rozwiązać wyłącznie za pomocą metod instrumentalnego monitoringu. Stały monitoring radiacyjny pozwala na wykrycie zmian w sytuacji radiacyjnej, jednak rejestruje bieżącą sytuację, ale nie posiada właściwości prognostycznych.

Obecnie koncepcja "monitoringu obliczeniowego" jest coraz częściej włączana do praktyki światowej. Skalkulowany monitoring, oparty na metodach modelowania procesów fizykochemicznych, pozwala na znaczne ograniczenie ilości badań terenowych bez uszczerbku dla ich skuteczności. Ponadto umożliwia on prognozowanie zmian w środowisku promieniowania, opracowywanie środków mających na celu zmniejszenie dawek dla personelu i ludności, zapobieganie lub lokalizowanie zanieczyszczenia powietrza i obszarów przyległych.

W związku z tym niezwykle ważne jest opracowanie modeli charakteryzujących fizyczne i chemiczne procesy masowego przemieszczania się w celu oceny sytuacji radiologicznej i zaplanowania działań rehabilitacyjnych.

W artykule zbadano zestaw modeli opisujących procesy związane z rozprzestrzenianiem się skażeń promieniotwórczych w atmosferze, przeanalizowano wyniki uzyskane z różnych typów modeli, porównano dane modelowe i pomiary instrumentalne. Analizowane są zagrożenia dla środowiska związane z różnymi wariantami rozwoju sytuacji w zakresie promieniowania.

Badania opierają się na danych uzyskanych na różnych etapach eksploatacji trzech składowisk odpadów poubojowych w północnym Tadżykistanie:

Wysypisko Digmy jest sprawne;

Tailing Dump Maps 1-9 jest zablokowany;

Wywrotka Gafurowa jest zakopana.

Taki dobór obiektów badawczych pozwolił najpełniej odzwierciedlić istniejące problemy i sposoby ich rozwiązania.

ROZDZIAŁ 1 PROCESY POWSTAWANIA RADIOAKTYWNOŚCI

ZANIECZYSZCZENIE SPOWODOWANE PRZEZ CZŁOWIEKA

1.1. Obiekty technogeniczne jako źródło skażenia promieniotwórczego środowiska naturalnego

Instalacje technologiczne stwarzające zagrożenie promieniowaniem pojawiły się wraz z rozpoczęciem poszukiwań i eksploatacji pierwszych złóż surowców radioaktywnych. Na początku XX wieku rad był przedmiotem zainteresowania ze strony metali radioaktywnych. Pierwszym złożem radu w ZSRR był znany przed rewolucją Tyuya-Muyun (Kirgizja) [1]. Rad w małych ilościach był używany do celów badawczych, medycznych i jako baza dla mieszanek świetlnych. Sytuacja zmieniła się radykalnie na początku lat 40., kiedy wiodące światowe potęgi zintensyfikowały swoje wysiłki na rzecz rozwoju broni jądrowej. Projekty nuklearne wymagały więcej uranu. 8 grudnia 1944 r. ZSRR wydał rezolucję Komitetu Obrony Państwa "O środkach zapewniających rozwój wydobycia i przetwarzania rud uranu". [2] pod osobistym podpisem I.V. Stalina. Dekret zobowiązywał Narkomtsvet do przekazania NKWD pól Taboshar, Uigur-Sai, Maili-Su, Adrasman, Tyuya-Muyun oraz zakładów Leninabad. Oznaczało to gwałtowną intensyfikację wydobycia i przetwarzania rud uranu. W tym okresie powstały pierwsze górskie wysypiska i zapory ogonowe [3]. Prace prowadzone były w atmosferze tajemniczości i ścisłego ograniczenia czasowego, wiedza na temat wpływu promieniowania na organizm człowieka i środowisko była ograniczona. W tych warunkach nie zwrócono należytej uwagi na kwestie środowiskowe. Wysypiska i produkty przetworzone były składowane w bliskim sąsiedztwie osiedli roboczych i osad, które później rosły i często faktycznie wchłaniały obiekty.

Obecnie zakłady produkcji uranu znajdują się na terytorium sześciu państw - byłych republik ZSRR: Kazachstanu, Uzbekistanu, Tadżykistanu, Kirgistanu, Ukrainy i Rosji. Cztery z nich to kraje regionu Azji Środkowej, a ponad 330 zakładów produkcji uranu znajduje się tutaj. Według "Komisji krajów WNP ds. Pokojowego Wykorzystania Energii Atomowej", najbardziej alarmujące są wysypiska śmieci w Kirgistanie i Tadżykistanie. Większość z nich podlega działaniu niebezpiecznych procesów naturalnych, których konsekwencją może stać się ponadnarodowa katastrofa ekologiczna w wyniku zanieczyszczenia dorzeczy i kanałów rzek transgranicznych [4].

W tabeli 1.1 przedstawiono podsumowanie charakterystyki antropogenicznych instalacji uranu w krajach Azji Środkowej.

Tabela 1.1

Podsumowanie charakterystyki instalacji do produkcji uranu w Kazachstanie, Tadżykistanie i Kirgistanie.

№	Kraj	Liczba miejsc	Objętość odpadów, mln m3	Powierzchnia całkowita, ha	Działalność ogółem, Ku	MED, mcd/hour
1	Kazachstan	129	170	10 000	250 000	
2	Tadżykistan	10	55	180	6 500	20 - 2 000
3	Kyrgystan	45	12			25 – 1 500

Dane dotyczące Uzbekistanu nie zostały przekazane Komisji. Według różnych danych, w Uzbekistanie znajduje się około 150 zakładów produkcji uranu, z których głównymi są: składowisko odpadów przeróbczych w pobliżu Navoi o powierzchni 620 hektarów, składowiska rud pozabilansowych w Uchkuduku, Zafarabadzie, Nurabadzie o powierzchni 23 hektarów oraz rud pozabilansowych w pobliżu Angren, Czerkisar i Krasnogorska o łącznej powierzchni 74 hektarów. Łączna ilość odpadów na tych składowiskach wynosi ponad 620 mln ton [5].

W Tadżykistanie znajduje się 10 technologicznych instalacji do produkcji uranu. W chwili obecnej obiekty te znajdują się w bilansie SE "Vostokredmet".

Tabela 1.2

Cechy charakterystyczne składowisk odpadów poubojowych SE "Vostokredmet

Nazwa składowiska odpadów resztkowych	Lokalizacja	SZZ, (m) S, (ha)	Objętość (m3) / % napełnienia	Izolacja	MED, mcd/hour	Liczba odpadów, t/Bq
Digmai	к. Gazienne	400 90,0	20×106 / 82	Otwarte .	40-2 800	19,8×106/ 8,1×1012
Gafurovsky	Gafurov	--- 4,0	2,4×105 / 100	Ziemia, 2,5 м	20-60	4,0×105/ 5,9×1012
Mapy 1-9	Chkalovsk	50,0 18,0	2,6×106 / 100	Ziemia, 0,5 м	20-60	3,034×106/ 2,9×1013
kolejki I-II	Taboshar	50,0 24,7	9,9×105 / 100	Ziemia, 0,7-1 м	40-60	1,688×106/ 8,1×1012
III kolejka	Taboshar	50,0 11,06	1,1×106 / 100	Ziemia, 0,7-1 м	40-60	1,8×106/ 8,6×1012
IV kolejka	Taboshar	50,0 18,76	2,4×106 / 100	Ziemia, 0,7-1 м	40-60	4,13×106/ 1,9×1013
Dawny warsztat numer 3	Taboshar	50,0 2,86	6,9×104 / 100	Ziemia, 0,7-1 м	40-60	1,169×106/ 5,6×1011
Wysypiska ubogiej fabryki rudy	Taboshar	50,0 3,35	1,2×106 / 100	Otwarty	40-300	2,03×106/ 9,4×1012
№2	Adrasman	50,0 2,5	2,4×105 / 100	Nie.	50-60	4,0×105/ 5,9×1012
Kopalnia 3 (4 organy)	Khujand	50,0 5,9	2,07×105 / 100	Ziemia, 0,5 м	60-80	3,5×105/ 4,1×1011

Głównymi potencjalnie niebezpiecznymi czynnikami są [6-9]:

- pylenie z otwartych powierzchni, które stanowi główną drogę zanieczyszczenia sąsiednich obszarów i stwarza zagrożenie przenikania radionuklidów do organizmu przez drogi oddechowe;
- bezpośrednia ekspozycja zewnętrzna na osoby znajdujące się w bezpośredniej bliskości obiektów;
- Filtracja wód powierzchniowych zawierających radionuklidy do wód gruntowych wykorzystywanych do celów pitnych i domowych;

- wydzielanie radonu powstającego w wyniku rozpadu radu;
- przenoszenie radionuklidów przez łańcuchy pokarmowe, takie jak rośliny - człowiek, rośliny - zwierzęta - człowiek.

Główne źródła i charakterystyki skażeń promieniotwórczych środowiska naturalnego pochodzących z wydobycia i przetwarzania rud uranu przedstawiono w tabeli 1.3 [10,11].

Tabela 1.3

Charakterystyka odpadów radioaktywnych wytwarzanych podczas wydobycia i przetwarzanie rud uranu

Stan zagregowany odpadów i emisji	Typ RAW-a, w którym jest przechowywany lub formowany	Specyficzna objętość RAW	Składniki emisji (pył, radionuklidy, aerozole)
Odpady płynne	Wody gruntowe wypompowane. Ścieki ze specjalnych pralni i pryszniców ABC. Faza ciekła masy celulozowej z odpadów przeróbczych rud GMZ. Faza ciekła masy celulozowej z przeróbki rudy. (woda płucząca, zagęszczacze górnego odpływu, filtrat)	Do 2000 m3/dobę lub więcej Od 100 do 300 m3/dobę. Przetwarzanie 1 tony rudy w GMZ daje ponad 4 tony odpadów płynnych. Objętość wody w skałach osadowych jest równa masie ich części stałej.	Kumulacja EPH w glebach i mułkach dennych sieci hydrograficznej przy zbieraniu nieprzetworzonych wód kopalnianych o całkowitej aktywności 10...50 Bq/L (MAC dla zbiorników wodnych 0,111 Bq/L). Nuklidy promieniotwórcze 238U, 226Ra, 222Rn, 230Th, 210Po, 210Pb. Wyciek skażonych odpadów przez podstawy zapór i odpady przeróbcze gleba zapory
Odpady stałe	Składowiska odpadów skalnych z aktywnością w tle. Magazyny niezbilansowanych rud	W kopalniach odkrywkowych jest 8...10 ton lub więcej odpadów na 1 tonę rudy i 0,2...0,3 tony lub więcej w kopalniach.	Pył z uchwytu; 238U; 226Ra; 230Th; 210Pb; 210Po. Pylenie plaż i zapór przeciwpowodziowyc

	uranu		h, 222Rn
	Składowiska odpadów przeróbczych z sortowania rud radiometrycznego	5...30 % skały płonnej (rudy pozabilansowe) z powodu rozcieńczenia	
	Wysypiska niewykorzystanych minerałów produktów ubocznych. Sklepy z odciekami. Składowiska odpadów z GMZ	Na 1 tonę rudy składa się 1,3...1,6 tony RAO w kopalniach oraz do 10...15 ton i więcej w kopalniach odkrywkowych.	
Odpady gazowe	Emisje wentylacyjne z podziemnych kopalń. Zanieczyszczenie powietrza w kopalniach odkrywkowych (prace wydobywcze i rozbiórkowe). Emisja gazów cieplarnianych z GMZ. Zakład kruszenia i przetwarzania, kompleks kruszenia i przesiewania, zakład wzbogacania radiometrycznego. Wysypiska i magazyny skał płonnych i rud pozabilansowych. Składowiska wzbogacania i ługowania odpadów poprzeróbczych. Składowiska odpadów na terenie GMZ	Kopalnia z rudami zawierającymi dziesiętne części procenta uranu emituje do 8 × 10 Bq/dzień 222Rn i pył radioaktywny. Wielkość emisji zależy od całkowitego natężenia przepływu radonu, zapylenia atmosfery kopalnianej, objętości napowietrzonej, wydajności kopalni przez górotwór. Wielkość emisji radioaktywnej wentylacji GMZ zależy od zawartości uranu i innych ERN w rudzie oraz od wydajności GMZ (średnio 3,7 × ^{1010} Bq/dzień). Emisja długożyciowych aerozoli alfa aktywnych może osiągnąć kilka milionów Bq/dzień.	Pył kopalniany; 222Rn; 238U; 226Ra; 230Th; 210Pb; aerozole aktywne alfa Zatapianie odpadów poubojowych z ROF i KB, zapór i plaż odpadów poubojowych GMZ, uwalnianie radonu

1.2. Procesy fizycznej i chemicznej przemiany substancji prowadzących do skażenia promieniotwórczego

Skażenie radioaktywne elementów ekosystemu (wody, gleby, atmosfery) powstaje w wyniku przekształcenia izotopów promieniotwórczych i procesów ich migracji. Konwersja niektórych izotopów na inne następuje w wyniku promieniotwórczego rozkładu matczynych radionuklidów. Spontanicznemu rozpadowi niestabilnych jąder atomowych towarzyszy emisja cząstek alfa, beta, gamma-kwanty i innych procesów.

Teoria rozpadu promieniotwórczego opiera się na fakcie, że rozpad każdego pojedynczego atomu można uznać za zjawisko losowe niezależne od warunków zewnętrznych [12]. Liczba atomów rozpadających się w krótkim okresie czasu dt jest proporcjonalna do liczby atomów N obecnych. Reakcja rozpadu radioaktywnego jest następnie opisana znanym równaniem kinetycznym pierwszego rzędu gatunku

$$dN/dt = \lambda N$$

gdzie λ jest stałą kinetyczną zwaną stałym rozpadem, która zależy tylko od natury radionuklidu.

Pod warunkiem, że w momencie początkowym przy t = 0 liczba atomów wynosi N0, a po czasie t liczba atomów wynosi N, otrzymujemy podstawowe równanie rozpadu promieniotwórczego.

$$N=N0e^{-\lambda t}$$

Równanie to pokazuje, ile atomów pozostanie niespadłych po czasie t od początkowej liczby atomów N0.

Do charakterystyki elementu radiowego często stosuje się następujące stałe: T - okres połowicznego rozpadu izotopu, czyli czas, w którym rozpada się połowa wszystkich dostępnych atomów, τ - średni czas życia atomu danego izotopu promieniotwórczego.

Relacje pomiędzy λ, T i τ są następujące:

$$\lambda T = \ln 2 = 0.693;$$

$$\lambda \tau = 1.$$

Jeżeli w wyniku rozpadu izotopu promieniotwórczego powstaje nowy pierwiastek radiowy, to ilość drugiego pierwiastka gromadzącego się w czasie można obliczyć za pomocą wzoru:

$$N_2 = \frac{\lambda_1}{\lambda_2 - \lambda_1} N_{10} \left(e^{-\lambda_1 t} - e^{-\lambda_2 t} \right) \tag{1.1}$$

Ogólnie rzecz biorąc, akumulacja i-tego elementu jest opisana równaniem [14]:

$$N_i = N_{1,0} \lambda_1 \lambda_2 \lambda_3 \ldots \lambda_{i-1} \cdot \left[\frac{e^{-\lambda_1 t}}{(\lambda_2 - \lambda_1)(\lambda_3 - \lambda_1)\ldots(\lambda_i - \lambda_1)} + \frac{e^{-\lambda_2 t}}{(\lambda_1 - \lambda_2)(\lambda_3 - \lambda_2)\ldots(\lambda_i - \lambda_2)} + \ldots + \frac{e^{-\lambda_i t}}{(\lambda_1 - \lambda_i)(\lambda_2 - \lambda_i)\ldots(\lambda_{i-1} - \lambda_i)} \right] \tag{1.2}$$

Seria kolejnych rozpadów tworzy rzędy radioaktywne. W układzie zamkniętym, z biegiem czasu, pomiędzy izotopami serii występuje równowaga radioaktywna, charakteryzująca się równością liczby powstałych i rozpadających się jąder.

λN1= λN2=...= λNi

Z punktu widzenia kinetyki seria może być uważana za serię kolejnych reakcji. Szybkość ustanowienia równowagi radioaktywnej w tym przypadku jest określana przez reakcję graniczną z najniższą stałą kinetyczną λ. Seria kończy się stabilnym elementem. Główne rzędy radioaktywne ciężkich pierwiastków to uran-238, uran-235, tor-232. Końcowym produktem przemian jest nieradioaktywny, tzw. radiogenny ołów [13].

Ponieważ masa atomu zmienia się o cztery jednostki podczas rozpadu α- i zmiana masy jest nieznaczna podczas rozpadu β, liczby mas pierwiastków tworzących serię radioaktywną różnią się wartościami podzielonymi przez cztery. W związku z tym możliwe jest, że istnieją cztery rodzaje serii radioaktywnych. Masa atomowa członków tych serii wyrażona jest w liczbach: 4n, 4n+1, 4n+2, 4n+3. Rozpad trzech serii radioaktywnych można przedstawić schematycznie jako [14-16]:

U (238U) → 8α (He) → RaG (206Pb), 4n+2

Th (232 Th) → 5α (He) → ThD (208Pb), 4n

AcU (235U) → 7α (He) → AcD (207Pb), 4n+3

Wiersz 4n+1 obecnie nie istnieje w przyrodzie.

Oprócz rodzin radioaktywnych istnieją pojedyncze radionuklidy, w których rozpad radioaktywny ogranicza się do jednego aktu przekształcenia. Najczęstszym z nich jest radioaktywny izotop potasu 40K. Izotop 40K rozpada się na dwa sposoby. W 89% przypadków rozpad β wytwarza 40Ca wapnia, a w pozostałych 11% przypadków wychwytywanie elektronów (wychwytywanie K) wytwarza 40Ar argonu i emituje γ-kwantum [17].

Udział 235U w naturalnej mieszaninie izotopów uranu wynosi około 0,7%, podczas gdy 238U stanowi około 99,3% [18]. Izotop 232Th jest dość powszechne w przyrodzie, ale tworzenie się obiektów technogenicznych w północnym Tadżykistanie było głównie spowodowane rudami uranu, a naturalna zawartość toru w nich jest niska. Potas 40Ka również nie tworzy antropogenicznych anomalii. Pewien wzrost można zaobserwować tylko w pobliżu masywów granitoidowych zawierających skalenie potasowe [19].

Przy określaniu aktywności całkowitej należy uwzględnić udział toru i potasu, natomiast głównymi pierwiastkami promieniotwórczymi skażającymi obszary przylegające do odpadów przeróbczych są izotopy serii 238U [20]. Rys. 1.1 przedstawia schemat powstawania izotopów promieniotwórczych w serii 238U.

Rola izotopów w procesach powstawania aureoli skażenia promieniotwórczego nie jest jednakowa i zależy od ich okresu półtrwania i zdolności do migracji. Skala czasowa procesów określających technologiczne skażenie promieniotwórcze mieści się w przedziale od n-10-1 do n-101 lat. Zachowanie izotopów o długim okresie połowicznego rozpadu (238U-226Ra) zależy wyłącznie od ich migracji i ruchu antropogenicznego. Izotopy po 222Rn mają stosunkowo krótkie okresy półtrwania (nie więcej niż kilka lat). Ponieważ izotop macierzysty 222Rn jest gazem obojętnym, zarówno on, jak i jego produkty rozkładu mają dużą mobilność migracyjną. Ogólną charakterystykę zachowania się izotopów przedstawiono w [21,22] (tabela 1.4).

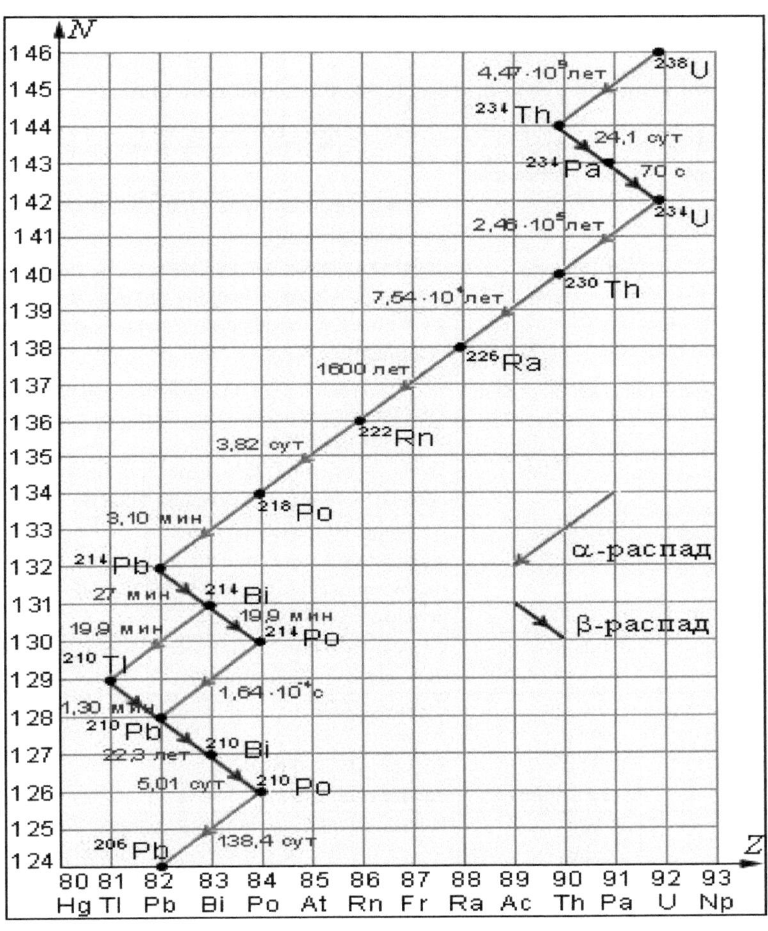

Rys. 1.1 Seria naturalnych radionuklidów z rodziny 238U

Tabela 1.4

Nuklidy promieniotwórcze w procesach przetwarzania rudy uranu

Nuklid radiacyjny	Okres: okres półtrwania	Zachowanie podczas przetwarzania
238U	5 × ^{109} lat.	~95 % jest ekstrahowane z rudy i przekazywane do koncentratu uranu
234.	24,1 dnia	podąża za matczynym nuklidem promieniotwórczym; nadmiar rozpada się gwałtownie, aż znajdzie się w równowadze z pozostałymi 238U.
234Pa	71 c	Podobny do 234-tej.
234U	2,48 × ^{105} lat	Podobnie jak 238U.
230.	8,0 × ^{104} lata	W obecności toru - 95% rozpuszcza się w kwaśnym odcieku, wytrąca się z rafinatu i trafia do odpadów.
226Ra	1620 lat	Następuje po matczynej radionuklidzie w węglanowym ługowaniu uranu; w kwaśnym ługowaniu zwykle nie więcej niż 5% radu jest przenoszone do roztworu.
222Rn	3,8 dnia	Częściowo ucieka do atmosfery podczas przeróbki rudy, ale szybko się gromadzi.
218Po (RaA) 2l4Pb (RaB) 2l4Bi (RaC) 214Po	183 c 1,608 c 1,182 c 1,6 × 10-4 c	Podobnie 222Rn Podobnie 218Po Podobny do 214Pb Podobny do 2l4Bi
210Pb 210Bi 210Po 206Pb	21 lat 5,0 dni 138,4 dnia Stajnia	Podążaj za matczynym radionuklidem.

Tak więc izotopy tworzą dynamiczne układy, w których transfer masy jest określany przez połączenie procesów migracji i rozpadu radioaktywnego.

1.3. Podstawy mechanizmu masowego przenoszenia substancji promieniotwórczych

w samym środku

Zanieczyszczenia radioaktywne znajdują się w atmosferze jako gaz lub aerozol. Charakter ruchu i dyspersji nuklidów promieniotwórczych zależy od ich własnych właściwości fizycznych i atmosferycznych. Zanieczyszczenie rozprzestrzenia się w postaci strumienia (palnika) w kształcie stożka. Zachowanie się przepływu jest zdeterminowane przez szereg procesów, z których głównymi są transport konwekcyjny i dyfuzja burzliwa [23,24].

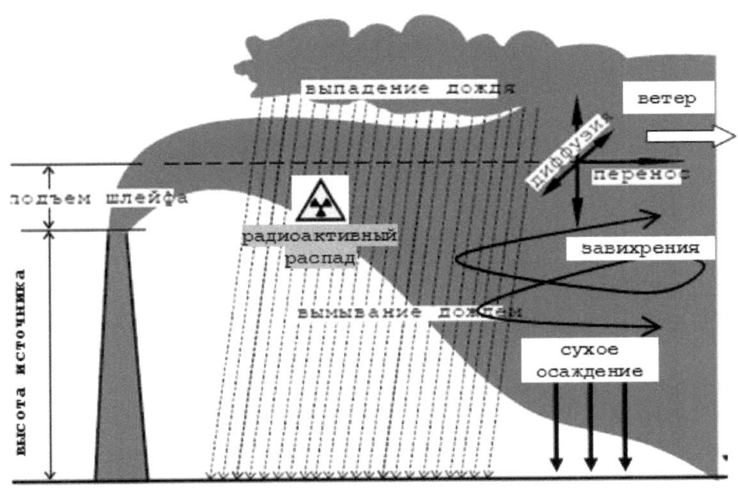

Rysunek 1.2 Zachowanie się zanieczyszczeń w atmosferze

Przenoszenie konwekcyjne odbywa się pod działaniem sił zewnętrznych, przede wszystkim wiatru. W liniowym układzie współrzędnych przeniesienie konwekcyjne definiowane jest za pomocą równania [25]:

$$\frac{\partial C}{\partial t} = -\frac{\partial \upsilon C}{\partial x} \tag{1.3}$$

gdzie, C jest stężeniem,

υ - średnia prędkość cząsteczek,

t to jest czas,

x jest współrzędną.

Dyfuzja cząstek odbywa się pod wpływem gradientu potencjału chemicznego powstającego w niejednorodnym polu koncentracji. Zmiana stężenia w czasie na skutek dyfuzji jest opisana w drugim prawie Ficka [26].

$$\frac{\partial C}{\partial t} = D\frac{\partial^2 C}{\partial x^2} \tag{1.4}$$

Współczynnik D charakteryzuje właściwości dyfuzyjne ośrodka, a w przypadku dyfuzji atmosferycznej zależy od parametrów turbulencji.

W procesie rozpraszania, zanieczyszczenie radioaktywne jest narażone na działanie takich procesów jak:

- rozpad radioaktywny i gromadzenie się produktów pochodnych;
- tworzenie się i przyleganie aerozoli;
- mokre osadzanie;

  - deszcz lub śnieg (gaz lub aerozol wpada w kropelki wody lub płatki śniegu w chmurze i spada jako opad);

  - ługowanie (gaz lub aerozol jest wychwytywany poniżej chmury deszczowej przez opadające opady);

  - mgła (gaz lub aerozol rozpada się we mgle na kropelki wody);

- depozycja sucha;

  - sedymentacja aerozoli lub osadzanie grawitacyjne;

- osadzanie aerozoli i adsorpcja gazów na obiektach znajdujących się na drodze wiatru [27-29].

Podczas rozpadu radioaktywnego radonu następuje tworzenie się aerozoli radioaktywnych. Produkty jej córki są adsorbowane przez zwykłe cząsteczki kurzu. Równanie rozpadu promieniotwórczego, wyrażone w postaci różnicowej przez stężenie

$dC/dt = \lambda C$

Współczynnik redukcji $_{di}$ dla osadzania suchego i mokrego podczas pracy [24] jest zdefiniowany jako

$_{di} = (Vd + Vw)Ci,$

gdzie Vd, Vw są odpowiednio czynnikami osadzania suchego i mokrego.

Tak więc, ogólne równanie dyspersji w kartezjańskim układzie współrzędnych można zapisać jako:

$$\frac{\partial q}{\partial t} + u\frac{\partial q}{\partial x} + v\frac{\partial q}{\partial y} + w\frac{\partial q}{\partial z} = \frac{\partial}{\partial x}K_X\frac{\partial q}{\partial x} + \frac{\partial}{\partial y}K_Y\frac{\partial q}{\partial y} + \frac{\partial}{\partial z}K_Z\frac{\partial q}{\partial z} - \alpha q \qquad ((1.5)$$

gdzie q jest parametrem stężenia;

u, v, w - prognozy prędkości na odpowiednich współrzędnych;

Kx, $_{Ky}$, Kz - współczynniki dyfuzji burzliwej;

α - współczynnik całkowitej redukcji.

Prywatne rozwiązania tego równania są stosowane w podstawowych modelach dyspersji atmosferycznej [30-33].

1.4. Matematyczne modele masowego przenoszenia substancji w atmosferze

1.4.1. Główne cechy charakterystyczne modeli matematycznych

Procesy rozprzestrzeniania się zanieczyszczeń w atmosferze są niezwykle interesujące dla różnych działań człowieka. W latach 50. i 60. ubiegłego wieku poczyniono znaczne inwestycje w badania w tej dziedzinie. Wielkoskalowe pomiary in situ zostały przeprowadzone zarówno w USA, jak i w ZSRR. Na podstawie ich wyników stworzono modele empiryczne. Znaczny wysiłek włożono również w rozwój teorii dyfuzji zanieczyszczeń atmosferycznych [23].

Pomimo przeprowadzonych szeroko zakrojonych badań, do chwili obecnej nie istnieje powszechnie przyjęty model rozprzestrzeniania się zanieczyszczeń w atmosferze. Jest to obiektywnie uwarunkowane złożonością i różnorodnością procesów, a także czynnikami subiektywnymi. Dlatego też istnieje wiele modeli różnego typu. Różnią się one szeregiem cech [23, 34].

Modele naśladowania wykorzystują proste formuły pokazujące związki przyczynowo-skutkowe. Do zbudowania takiego modelu potrzebna jest dość duża ilość rzeczywistych danych. Uzyskane wyniki mogą być przeniesione na inne obiekty tylko w przypadku ich maksymalnego podobieństwa. Co do zasady, każdy przedmiot wymaga ustanowienia indywidualnych zależności.

W modelach empirycznych przy prezentacji podstaw naukowych stosuje się ogólne pojęcia dyfuzji turbulentnej przestrzennej, które ostatecznie przekształcają się w konkretne formuły zapewniające dokładną zgodność z danymi doświadczalnymi. Ten typ modeli może być używany dla dość szerokiej klasy obiektów.

Modele teoretyczne wykorzystują podstawowe równania teorii dyfuzji w ośrodkach turbulentnych o złożonej aparacie matematycznym i znacznej objętości obliczeń. Modele teoretyczne są wykorzystywane głównie do opisu poszczególnych zjawisk atmosferycznych i nie są wykorzystywane do celów praktycznych.

Kolejną cechą wyróżniającą modele stacjonarne i niestacjonarne. Modele niestacjonarne, w przeciwieństwie do modeli stacjonarnych, opisują przypadki ruchomego źródła zanieczyszczeń, takiego jak chmura radioaktywna w zrzucie siatki. Modele są również różnicowane w zależności od skali. Dla odległości dziesiątek i setek kilometrów są to modele mezoskalowe i regionalne. Dla odległości do 10-20 km stosowany jest model lokalny [35].

Wybór parametrów wejściowych i dostosowanie modeli w zastosowaniu do konkretnej sytuacji zależy od charakterystyki badanego obszaru, jego lokalizacji i warunków emisji. W związku z tym wybór odpowiedniego modelu dla danego miejsca i konkretnych warunków uwolnienia powinien opierać się na dokładnym badaniu miejsca i charakterystyki źródeł zanieczyszczeń istotnych pod względem rozproszenia.

Technologiczne źródła skażenia promieniotwórczego mają wymiary liniowe nieprzekraczające 1-1,5 km. Emisje zanieczyszczeń zmieniają się bardzo nieznacznie w czasie i nie mają charakteru siatkowego. Teren w ich rejonach lokalizacji jest stosunkowo spokojny. Niestabilność atmosfery jest umiarkowana.

Analiza skali obiektów, charakteru źródeł i charakterystyki klimatycznej pozwala na wyciągnięcie wniosku, że w tym przypadku lokalny model stacjonarny ma zastosowanie głównie z empirycznym aparatem matematycznym.

Obecnie istnieją dwa główne modele, które spełniają te warunki. Są to model gaussowski i normatywny model OND-86. Model gaussowski jest stosowany jako model referencyjny w USA i w większości krajów europejskich. Model OND-86 jest stosowany w wielu krajach WNP do obliczania stężeń zanieczyszczeń zawartych w emisjach z roślin.

1.4.2. Model Gaussa

Statystyczny model gaussowski i jego odmiany opisane są w [36, 37]. Model oparty jest na równaniu dyspersji atmosferycznej (1,5). Model Gaussian wykorzystuje rozkład normalny jako sposób odwzorowania rozproszenia gazów, aerozoli lub małych cząstek w atmosferze.

W układzie współrzędnych, który służy do wykonywania obliczeń na modelach rozpraszania gaussowskiego, przyjmuje się, że oś *x pokrywa* się z poziomym kierunkiem strumienia wzdłuż wiatru środkowego, oś *y jest* prostopadła do płaszczyzny poziomej, a oś *z jest* pionowa. Strumień rozciąga się wzdłuż lub równolegle do osi *x,* jak pokazano na rysunku 1.3.

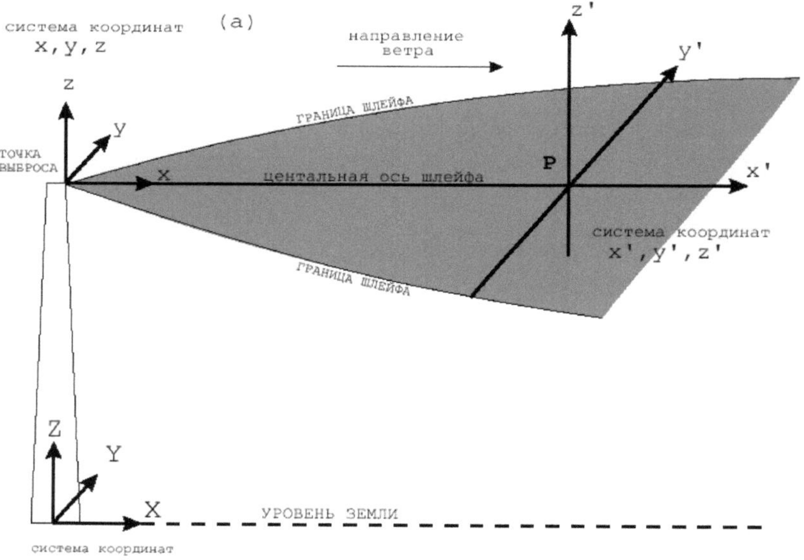

Rys. 1.3 Układ współrzędnych rozkładu zanieczyszczeń w przestrzeni kosmicznej

Przekrój odbojowy w pierwszym przybliżeniu to figury owalne, których profile pokazano na rys. 1.4.

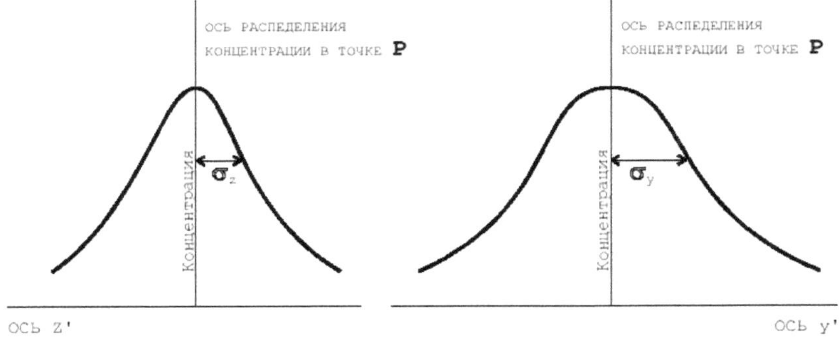

Rys. 1.4 Rozkład zanieczyszczeń w osiach *y,z*

Podstawowe równanie rozpraszania w modelu Gaussian:

$$C(x,y,z,H)=\frac{M}{2\pi u\sigma_y\sigma_z}\left[\exp-\left(\frac{y^2}{2\sigma_y^2}\right)\right]\left\{\exp\left[\frac{-(z-H)^2}{2\sigma_z^2}\right]+\exp\left[\frac{-(z+H)^2}{2\sigma_z^2}\right]\right\} \quad (1.6)$$

gdzie *C jest* stężeniem w pewnym punkcie o współrzędnych (x, y, z) na danej emisji *M na* wysokości *H* reprezentowanej przez rozkład gaussowski zapisany po prawej stronie równania. Wysokość *H* odpowiada położeniu osi strumienia dla podniesionego źródła. Przyjęto następujące założenia:

- Rozproszenie strumienia w płaszczyźnie poziomej i pionowej opisane jest rozkładem gaussowskim z odchyleniami standardowymi rozkładu σ_y i σ_z odpowiednio w osi *y* i *z;*
- *N* - średnia prędkość wiatru działająca na strumień;
- *M* to stała moc emisyjna;
- istnieje całkowite odbicie strumienia od powierzchni ziemi, tzn. nie ma interakcji między strumieniem a powierzchnią podłoża.

Głównym punktem tego modelu jest to:

- turbulencje są wszędzie takie same;

σ_{-y} i σ_z to funkcje rozpraszania ze źródła;

- prędkość wiatru jest stała w całej warstwie propagacji strumienia;

- kierunek wiatru również nie zmienia się w miarę przemieszczania się przepływu.

Istnieje wiele równań, które mogą być używane dla indywidualnych przypadków rozpraszania, które są znacznie prostsze niż podstawowe równanie. Jeżeli stężenie jest obliczane tylko dla powierzchni ziemi, można użyć równania:

$$C(x,y,0,H)=\frac{M}{\pi u\sigma_y\sigma_z}\exp\left(\frac{-y^2}{2\sigma_y^2}\right)\exp\left(\frac{-H^2}{2\sigma_z^2}\right) \quad (1.7)$$

Przy obliczaniu maksymalnych stężeń wzdłuż linii środkowej flary można użyć następującego wyrażenia:

$$C(x,0,0,H)=\frac{M}{\pi u\sigma_y\sigma_z}\exp\left(\frac{-H^2}{2\sigma_z^2}\right) \quad (1.8)$$

Wreszcie, jeśli źródło jest naziemne (niewznoszone), można użyć innej formy równania:

$$C(x,0,0,0)=\frac{M}{\pi u\sigma_y\sigma_z}$$

Tutaj koncentracja wzdłuż osiowego strumienia na poziomie gruntu jest definiowana jako funkcja siły wyrzutu, prędkości wiatru i rozproszenia zanieczyszczeń wzdłuż kierunku wiatru.

Zestaw współczynników dyspersji przeznaczony do wykorzystania w modelach gaussowskich został po raz pierwszy opublikowany przez Pasquilla [38]. Później zostały one zmodyfikowane i przedstawione w formie pokazanej na rys. 1.5 [37].

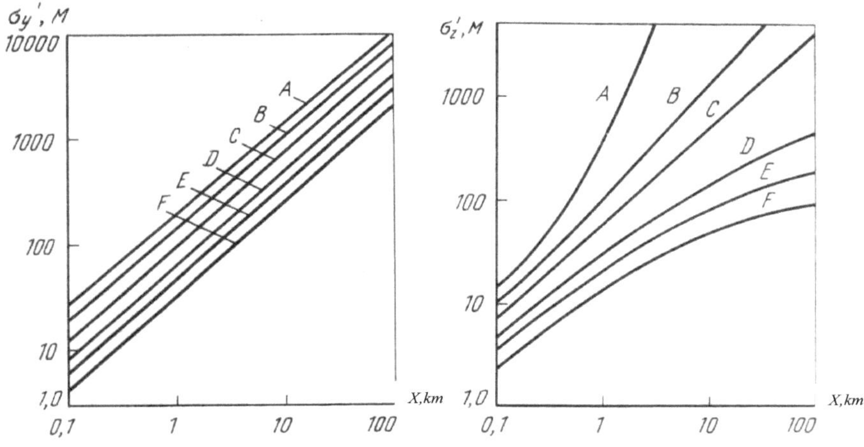

Rysunek 1.5 Poziome i pionowe współczynniki rozproszenia w funkcji odległości od źródła w kierunku wiatru

Krzywe dyspersji są oparte na danych eksperymentalnych. Krzywe na rys. 1.5 są oznaczone literami *A, B, C, D, E* i *F*. Odpowiada to różnym klasom stabilności atmosferycznej. Klasyfikacja odpornościowa została zastosowana przez Pasquilla w celu oddzielenia słabego stanu turbulencji reprezentowanego przez krzywą *F od* stanu silnych turbulencji, np. w słoneczne południe przy lekkim wietrze, *A*. Pasquill definiuje klasy odpornościowe jako funkcję promieniowania słonecznego. Kategorie te zostały przedstawione w tabeli 1.5 [37].

Tabela 1.5

Kategorie stabilności atmosferycznej Pasquilles

Prędkość wiatru powierzchniowego, m/s	Dzień			Noc	
	Promieniowanie słoneczne			Cloud Pokrycie	
	silny	umiarkowane	Słaby	> 4/8	<3/8
< 2	*A*	*A-B*	*B*	-	-
2-3					
3-5					
5-6					
>6					

Jak wynika z tabeli 1.5, region lokalizacji obiektów technogenicznych w Tadżykistanie można zaklasyfikować do klasy *B-C* w ciągu dnia i klasy *D-E* w nocy.

Jak dotąd trwają prace nad udoskonalaniem tego typu modeli. Powstały więc różne wersje modelu TUPOS [39- 41], w których wprowadzono dodatkowe parametry określające współczynniki dyspersji. Ponieważ współczynniki te mają charakter empiryczny, jedynym kryterium poprawy jest najlepsza zgodność z danymi doświadczalnymi [42-44].

Model normatywny OND-86

Model regulacyjny OND-86 wykorzystuje pojęcia o dyfuzyjno-konwekcyjnym charakterze rozprzestrzeniania się zanieczyszczeń podobne do modelu gaussowskiego. Jednak w opisie procesów dyfuzji burzliwej wykorzystuje się niegazjatycką dystrybucję. Podstawowe równania modelu wyznaczają punkt w odległości *xm* od źródła, w którym maksymalne stężenie *Cm osiągane jest* przy niebezpiecznej prędkości wiatru *um = f(vm)* [45].

$$c_M = \frac{AMFmn\eta}{H^2\sqrt[3]{V_1 \Delta T}},$$

$$x_M = \frac{5-F}{4} dH, \qquad (1.9)$$

$$v_M = 0{,}65\sqrt[3]{\frac{V_1 \Delta T}{H}};$$

gdzie *A* jest współczynnikiem stratyfikacji temperatury atmosferycznej;

M (g/s) - moc emisji;

F jest czynnikiem rozliczeniowym zanieczyszczeń;

d, m i *n* są współczynnikami, które uwzględniają warunki wylotu mieszanki gazowo-powietrznej;

η - czynnik, który bierze pod uwagę teren;

ΔT(°C) - różnica temperatur między mieszaniną gazu i powietrza a otoczeniem;

V(m3/s) - przepływ mieszanki gazowo-powietrznej;

H to wysokość źródła.

Stężenie *C* w dowolnym punkcie o współrzędnych *x, y, z wyznacza* się wprowadzając do wzorów na obliczenie stężenia szeregu współczynników *Sx, Sy, Sz,* opisujących rozpraszanie wzdłuż osi w zależności od parametru prędkości r.

Funkcje rozpraszania modelu są dyskretne i są zdefiniowane przez argumenty współrzędnych, parametry transferu i osadzania.

Tak więc, głównym punktem parametrycznym modelu OND-86 określającym charakter pola koncentracji jest maksymalny punkt Cm, Xm, Um.

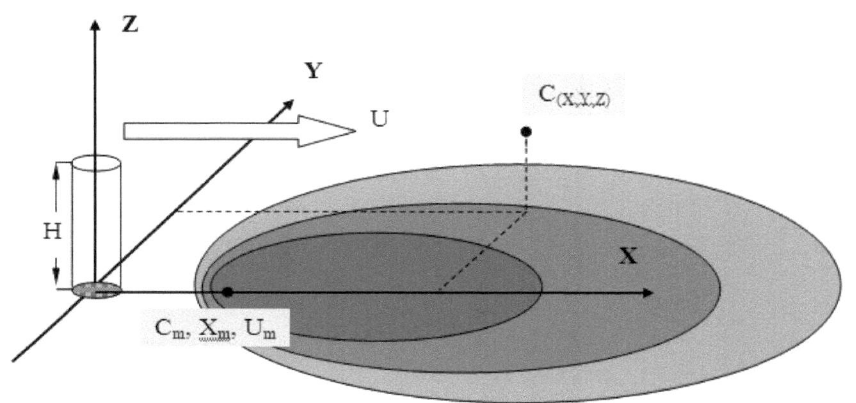

Rys. 1.6. Parametry pola stężeń modelu OND-86

Dane wejściowe dla modelu są:

- charakterystyka źródła emisji (moc, temperatura, wysokość itp.);
- charakterystyki meteorologiczne (prędkość wiatru, rodzaj stabilności atmosfery, temperatura itp.);
- charakterystyka terenu.

Dane wyjściowe:

- maksymalne stężenie zanieczyszczeń w najbardziej niekorzystnych warunkach;
- niebezpieczna prędkość i kierunek wiatru, przy którym osiąga się najwyższą koncentrację;
- koncentracja w danym punkcie;

- źródło, które daje największy wkład w danym punkcie (jeśli istnieje grupa źródeł) oraz udział tego wkładu w całkowitej koncentracji.

Głównym celem tego modelu jest racjonowanie emisji przemysłowych. Model gwarantuje obwód zewnętrzny, po przekroczeniu którego maksymalne dopuszczalne stężenie (MPC) nie przekracza wartości progowej. Model OND-86 jest uznawany przez wielu badaczy [46,47] za w dużej mierze konserwatywny. Jednak w przypadku regulacji RPP lub dawek, to konserwatyzm modelu decyduje o priorytecie jego stosowania.

1.4.3. Model osadzania na powierzchni bazowej

Jednym z głównych potencjalnych zagrożeń jest pylenie z otwartych powierzchni składowisk odpadów resztkowych. Jest to główne źródło rozprzestrzeniania się zanieczyszczeń. Modelowanie procesów przenoszenia zanieczyszczeń na tereny przyległe jest uważane za element składowy prognozowania skali zanieczyszczeń [48-50].

W pracy [51] przedstawiono technikę obliczania przepływu osadzania, którą autorzy nazywają modelem osadzania na powierzchni podłoża. Metodologia opiera się na [52-54] i pozwala na oszacowanie średniego rocznego stężenia zanieczyszczeń na powierzchni, przepływu zanieczyszczeń na mokro na powierzchni podłoża (wypłukiwanie) *Pm,* przepływu suchego (osadzanie) *Pc*. Całkowity przepływ *P* jest sumą dwóch wyżej wymienionych składników:

P= Pm+ Pc.

Obliczenie średniego rocznego przepływu mokrego *Pm,* g/(m2/rok), zanieczyszczeń emitowanych przez jedno punktowe źródło zanieczyszczeń na powierzchni bazowej w danym punkcie przeprowadza się za pomocą wzoru:

$$P_m = \frac{(1+b)M}{2\pi \bar{u} r L_0}\left[a L_{ё} t_{âё} \sum_{i=1}^{K} m_i y_i \exp\left(-\frac{a y_i r}{\bar{u}}\right) + L_{ç} t_{âç} \sum_{i=1}^{K} m_i y_i \exp\left(-\frac{y_i r}{\bar{u}}\right)\right],$$

(1.10)

gdzie *b jest* względnym udziałem opadów mieszanych w całości;

M - masa zanieczyszczeń stałych odprowadzanych przez źródło do atmosfery w ciągu roku, y/y;

$\bar{u}$ - Średnia roczna średnia prędkość wiatru w warstwie propagacji SG, m/sec;

r - odległość od źródła, m;

L0 - powtarzalność kierunku wiatru tej rumby dla okrągłej róży wiatrów;

a - korekta empiryczna na różnicę w intensywności wymywania przez osady ciekłe i stałe;

Ll, Lz - powtarzalność kierunku wiatru tej rumby odpowiednio dla letniej i zimowej róży wiatrów;

tbsp, tbsp - względny (w ułamkach roku) czas trwania opadów ciekłych i stałych;

K to liczba rozpatrywanych frakcji cząstek;

mi to ułamek całkowitej masy SV, który spada w *i-tej* frakcji cząstek;

yi jest stałym wypłukiwaniem *i-tej* frakcji cząstek, c-1.

Średni roczny suchy przepływ *Pc*, g/(m2/rok), szacowany jako suma:

$$P_c = \sum_{i=1}^{K} \left(V_{i\c{c}} t_{c\c{c}} + V_{i\ddot{e}} t_{c\ddot{e}} \right) q_i \qquad (1.11)$$

gdzie "iz to szybkość osadzania i-tego frakcji cząstek w zimie, m/sec; *tsz* to czas trwania okresu pokrywy śnieżnej minus czas opadów w tym okresie, sek;

Vil - tempo osadzania się i-tej frakcji cząstek na powierzchni pozbawionej pokrywy śnieżnej, m/s;

tsl - czas trwania okresu braku pokrywy śnieżnej minus czas opadów, sek;

qi - średnie roczne stężenie powierzchniowe *i-tej* frakcji, g/m3.

Do obliczania pola średniego rocznego stężenia qi (funkcja *r, M, mi,* parametry geometryczne źródła, temperatury i prędkości emisji, parametry klimatyczne) zastosowano przedstawione w [51] wzory matematyczne i aproksymacyjne, zgodnie z którymi średnie roczne stężenie jest przeliczane maksymalnie jednorazowo, określone na podstawie metodologii normatywnej [39].

Model ten oparty jest na aparacie matematycznym modelu OND-86. W związku z tym dziedziczy wszystkie swoje zalety i wady. Do obliczeń wprowadzono jednak dodatkowe dane wejściowe, co pozwala na poszerzenie zakresu zadań modelu. Niemniej jednak, jak uznają autorzy [51], model należy skalibrować w ten sam sposób [55].

ROZDZIAŁ 2 METODY BADANIA SKŁADOWISK ODPADÓW POFLOTACYJNYCH I ZANIECZYSZCZEŃ TERENÓW PRZYLEGŁYCH

2.1 Metody kontroli skażenia radioaktywnego

Kontrola skażenia promieniotwórczego stanowi podstawę monitorowania wpływu składowisk odpadów promieniotwórczych na środowisko naturalne. Obejmuje on zestaw metod określania zanieczyszczenia środowiska powietrza, wód gruntowych, gleb oraz obiektów biologicznych [56].

Modelowanie przenoszenia masy atmosferycznej nuklidów promieniotwórczych jest częścią ogólnego systemu monitoringu [57, 58]. Modele migracji opierają się na danych uzyskanych z badań obiektów w ekosystemie "zwałowisko odpadów ogonowych - środowisko". Ze względu na ich rolę w procesie migracji wszystkie obiekty można podzielić na źródła zanieczyszczeń, systemy transportu i odbiorców zanieczyszczeń. W związku z tym zakres badań obejmuje:

- określenie parametrów zanieczyszczeń powierzchniowych składowisk odpadów resztkowych;
- do pomiaru stężenia izotopów promieniotwórczych w atmosferze;
- kontrola zanieczyszczenia gleby w okolicy.

2.1.1. Określanie parametrów zanieczyszczeń powierzchniowych składowisk odpadów resztkowych

Najważniejszymi cechami składowisk odpadów promieniotwórczych jako źródła zanieczyszczenia atmosfery są: współczynnik dawki promieniowania gamma (EDR) na powierzchni, gęstość strumienia radonu (DFD) oraz aktywność właściwa naturalnych nuklidów promieniotwórczych (ERN).

Współczynnik dawki ekspozycji (EDR) na powierzchni składowisk odpadów przeróbczych został określony przy użyciu metody badania gamma na miejscu [59, 60]. Izoliny polowe gamma w planie są głównie izometryczne i nie mają wyraźnej orientacji, więc badanie gamma jest prowadzone za pomocą jednolitej sieci [61]. Rozmiar sieci jest wybierany w zależności od charakteru zmian pola. Większa siatka 50x50 m odpowiada stosunkowo płynnej zmianie, typowej dla składowiska odpadów płynnych Digmai. Dla składowisk odpadów stałych wybierana jest sieć 20x20m. Oprócz badań radiometrycznych badane są pojedyncze obiekty między trasami, gdzie prawdopodobieństwo skażenia promieniotwórczego jest większe. Na składowiskach, które mają pokrywę puszkową, mogą to być wyniki prac wykopaliskowych, konsekwencje kopania zwierząt. Do pomiarów wykorzystywane są przyrządy z czujnikami scyntylacyjnymi SRP-68, SRP-88, ISS-07. Wsparcie metrologiczne badań zostało zagwarantowane przez trzy poziomy kontroli [62]:

weryfikacja metrologiczna - corocznie;

do kontroli intensywności źródła odniesienia - codziennie;

wzajemna weryfikacja różnych urządzeń - 2-3 razy w ciągu dnia roboczego.

Na podstawie wyników badań rysowane są mapy linii o równych wartościach promieniowania gamma EDR.

Gęstość powierzchniowego strumienia radonu wyznaczono w węzłach sieci 50x50 m, podobnie jak w przypadku DER. Jako urządzenie pomiarowe wykorzystano radiometr radionowy RRA-01M-03 z przystawką POU-4 do pobierania próbek. Pomiar aktywności objętościowej radonu oparty jest na elektrostatycznym osadzaniu jonów 218Po na powierzchni detektora półprzewodnikowego [63,64]. Aktywność 222Rn jest określana na podstawie liczby zarejestrowanych cząstek alfa przy użyciu metody spektrometrycznej. PPR jest obliczany według wzoru:

$$W = (Q - Q\phi)\,\frac{V_2 + V_3}{T * S} \quad , \tag{2.1}$$

gdzie Q to zmierzona aktywność objętościowa radonu, Bq/m3;

Qϕ - aktywność objętościowa tła komory magazynowej, określona zgodnie z instrukcją techniczną, Bq/m3;

V_2 - objętość komory pomiarowej, l;

V_3 - objętość komory magazynowej i rur łączących, l;

S - powierzchnia odbioru Radonu z komorą magazynową, m2;

T- czas pracy przepompowni, s.

Błąd w definicji ODP, jeśli spełnione są wymagania instrukcji technicznej [65] wynosi ±30 %.

Konieczność pomiaru specyficznej aktywności EPH materiału przeróbczego jest spowodowana rozwiązaniem problemu rozprzestrzeniania się zanieczyszczeń pyłowych [66]. Normy bezpieczeństwa radiologicznego NRB-06 regulują aktywność właściwą w pyle przemysłowym nuklidów promieniotwórczych serii 238U, 232Th, a także efektywną aktywność właściwą naturalnych nuklidów promieniotwórczych 226Ra, 232Th, 40Ka w obiektach środowiskowych.

Proces pomiaru konkretnej czynności jest poprzedzony pobraniem próbek i przygotowaniem. Próbki zostały pobrane oddzielnie dla różnych frakcji odpadów. Masa jednej próbki odpowiada objętości kuwety 1 l i wynosi 1,5-2,0 kg. Przygotowanie próbki odbywa się zgodnie z [67] i gwarantuje równomierne rozmieszczenie nuklidów promieniotwórczych w całej objętości próbki.

Określenie aktywności ERN wykonano poprzez sumowanie w przedziałach energetycznych na spektrometrze SE-BG-01-"ACP"-70-63 [68] w geometrii statku "Marinelli". Poszczególne czynności są określane poprzez porównanie tempa liczenia badanych i kalibracji próbek w wybranych przedziałach czasowych. Efektywna specyficzna aktywność Aeffa została obliczona według wzoru:

$$Aeff = ARa + 1{,}3ATh + 0{,}09Ak, \; Bq/kg, \qquad (2.2)$$

gdzie $_{ARa}$ jest specyficzną działalnością 226Ra;

$_{ATh}$ - działanie szczególne 232Th;

$_{Ak}$ - 40K specyficzna działalność.

2.1.2. Pomiar stężenia izotopów promieniotwórczych w atmosferze

W powietrzu atmosferycznym radionuklidy znajdują się w fazie gazowej lub jako aerozole. Promieniotwórczość atmosferyczna w obszarze skał płonnych zależy głównie od izotopu radonu 222Rn i jego produktów rozpadu (DPR) [69, 70].

Aktywność objętościową radonu określono w dwóch wariantach - ekspresowym i całkowym. Szybkie pomiary aktywności objętościowej izotopów radonowych i aerozoli DPR w powietrzu zostały wykorzystane do szybkiej oceny zagrożenia radonowego. Do tego celu użyto natychmiastowych przyrządów pomiarowych. Oznaczanie aktywności objętościowej wykonano za pomocą radiometru radonowego RRA-01M-03, podobnego do pomiarów DPR [65]. Pomiary wykonano zarówno na terenie składowisk odpadów poflotacyjnych, jak i na terenie przyległym oraz w osadach znajdujących się w strefie potencjalnego oddziaływania obiektów.

Aktywność produktów rozpadu radonu mierzono za pomocą radiometru RGA-09M [71]. Proces pomiaru składa się z następujących operacji:

- pobieranie próbek powietrza do filtrów aerozolowych;

- Rejestracja aktywności α- i/lub β nuklidów promieniotwórczych osadzonych na filtrach przez aerozole w czasie Δ ti;

- Określenie aktywności właściwej nuklidów promieniotwórczych metodą Markova (i=2) lub Thomsona (i=3) [72, 73].

Zgodnie z NRB-06 znormalizowana wartość jest równoważną równowagą aktywności objętościowej - EPOA. Izotop Radon 222Rn EREOA - ważona suma aktywności wolumenowej spółek zależnych prowadzących krótkotrwałą działalność 218Po (RaA); 214Pb (RaB); 214Bi (RaC);

$$EROA\ Rn = 0{,}10\ ARaA + 0{,}52\ ARaB + 0{,}38\ ARaC \quad , \qquad (2.3)$$

Wszystkie procesy obliczeniowe są zautomatyzowane i wykonywane za pomocą wbudowanego oprogramowania.

Pomiary EPO radonu w większości przypadków towarzyszyły pomiarom EPO radonu i były wykonywane w tych samych miejscach.

Pasywne systemy szynowe typu RSKS z detektorem CR-39 przez długi czas służyły do pomiaru całkowitej aktywności objętościowej radonu [74]. Zasada działania tych systemów pomiarowych opiera się na radiochemicznych zmianach w strukturze substancji pod wpływem promieniowania radioaktywnego. W wyniku oddziaływania promieniowania alfa na czuły materiał detektora śladów pojawiają się w nim tzw. ślady utajone, których gęstość jest proporcjonalna do ekspozycji, tj. do iloczynu średniej (całki) wartości aktywności objętościowej radonu w powietrzu przez czas trwania ekspozycji [75].

Głównym zadaniem detektorów śladowych jest określenie aktywności radonu i toronu w pomieszczeniach zamkniętych [75-77]. Detektory gąsienicowe wykorzystywaliśmy również do prowadzenia badań na otwartym terenie wysypiska śmieci i zwałowiska Digmai Maps 1-9. Czujki zostały zainstalowane we wcześniej ustalonych miejscach. Czas ekspozycji wynosił 3-6 miesięcy. Pod koniec czasu ekspozycji detektory zostały wysłane do laboratorium w celu przetworzenia, policzenia śladów i określenia integralnej aktywności.

2.1.3. Kontrola zanieczyszczenia gleby na obszarach przyległych

Skażenie radioaktywne sąsiednich obszarów jest konsekwencją migracji atmosferycznej radionuklidów. Metody kontroli zanieczyszczeń odpowiadają głównie metodom kontroli składowisk odpadów przeróbczych, które są źródłem zanieczyszczeń. Granice zanieczyszczeń zostały wyznaczone za pomocą badania gamma na trasie w sieci co najmniej 20x20 m. Trasy są ułożone w taki sposób, aby zapewnić obrazowanie zarówno w strefie ochrony sanitarnej, jak i poza nią z wyjściem na wartości mocy promieniowania gamma na tle.

Na podstawie uzyskanych wyników sporządzono mapy, na podstawie których wyznaczono zanieczyszczony obszar. Kontur zanieczyszczeń został zdefiniowany zgodnie z SPLC-99 jako wartość EDR przekraczająca tło o 20 μR/h.

Aktywność właściwa naturalnych radionuklidów w określonych punktach na powierzchni została określona w ramach wybranego konturu zanieczyszczenia. Próbki zostały pobrane w kopercie 5x5 m [78-80].

Poza charakterystyką obszaru badano również podział na strefy pionowe ERN. W tym celu minęły dwa doły na pokładzie Digmai Tailings Dumpings. Ściany wyrobisk badano w odstępie 0,1 m [81]. Badania połączono z pomiarem promieniowania gamma EDR. Uzyskano pionowy odcinek skażenia gleby. W wyniku badań określono współczynniki migracji w oparciu o model rozkładu pionowego nuklidów promieniotwórczych.

2.2. Charakterystyka radiologiczna obiektów badawczych

2.2.1. Digmai Tailings Dumping

Wywrotka Digmai była eksploatowana od 1963 do 1993 r. Znajduje się na terenie powiatu B.Gafurovsky w obwodzie sugestii na wzgórzu Digmai z zagłębieniem w kształcie siodła i misy w odległości 10 km od miasta Khujand i rzeki. Sir Darya. Najbliższe osady znajdują się na północy (wieś Gazien) i południu (wieś Kotma) wysypiska śmieci ogonowej w odległości 1-1,5 km (Rysunek 2.1). Jest to największe składowisko odpadów promieniotwórczych uranu w Azji Środkowej. Obejmuje on obszar ponad 90 hektarów i zawiera około 20 milionów ton odpadów rudy uranu, około 500 tysięcy ton pozabilansowej rudy uranu oraz 5,7 miliona ton odpadów z przetwarzania surowców zawierających wanad. Łączna aktywność wynosi około 4.200 Curie. Wysypisko śmieci ogonowej jest uważane za pełne 82% . Na jednym z końców terenu zbudowano nasyp o długości 1800 m i wysokości 35 m, który stworzył pojemność składowiska odpadów poflotacyjnych na bazie naturalnego siodła. Wysypisko to jest przeznaczone do składowania odpadów płynnych. Zwałowisko powstało w wyniku hydrometalurgicznego przetwarzania rud uranu.

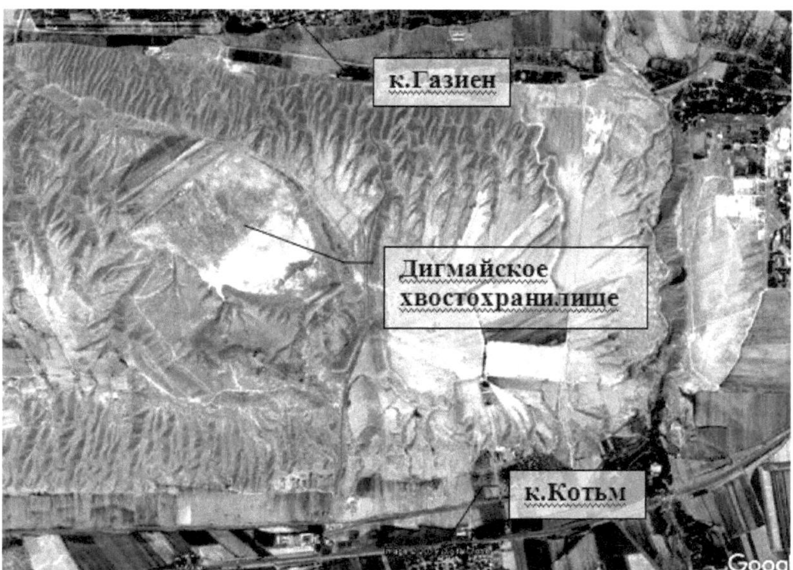

Rys. 2.1. Lokalizacja składowiska Digmai Tailings

Zazwyczaj przetworzenie 1 tony rudy daje więcej niż 4 tony odpadów płynnych. Płynne odpady radioaktywne z procesów hydrometalurgicznych utworzyły tzw. staw, w którym osadzała się stała frakcja miazgi i osadzała na plaży składowiska odpadów. W tabeli 2.1. przedstawiono parametry fizykochemiczne fazy ciekłej składowiska odpadów przeróbczych Digmai oraz ich porównanie z parametrami fazy ciekłej masy celulozowej rud innych GMZ [83].

Tabela 2.1

Porównanie składu chemicznego fazy ciekłej masy celulozowej hydrometalurgicznej.

Składnik	Stężenie, mg/l	
	Dygmai hwh	Średnia dla GMZ
Naturalny uran	0.35-0.5	0.5-5.0
rad -226	10-12 Bq/L	9,9-29,6 Bq/L
Polon-210	2,0-2,6 Bq/L	1,85-55,5 Bq/L
Dwutlenek żelaza	1.0-1.5	Ślad
Tlenek żelaza	800-850	700-800
Tlenek magnezu	180-250	100-200
Dwutlenek krzemu	15-25	20-40
Tlenek manganu	60-70	50-100
Sód + potas	230-320	200-400
Azotany	600-800	500-3000
Siarczany	3200-4200	2000-5500
Sucha pozostałość	9800-12000	8000-10000
PH	5.6-7	7.8-8

Z powyższych danych wynika, że generalnie skład fazy ciekłej odprowadzanej na składowisko masy celulozowej odpowiada średnim danym statystycznym ze źródeł literaturowych [83,84]. Zawartość radionuklidów przekracza ustalone normy poziomu interwencji [85]. Dla radu-226 jest to 0,5 Bq/L, a dla polonu 210 jest to 0,12 Bq/L. W związku z tym nie jest możliwe wykorzystanie wody w stawie do celów gospodarczych z wyjątkiem recyrkulacji wody technicznej w procesie hydrometalurgicznym.

Od 1992 r. wstrzymano dostawy odpadów płynnych z GMZ i obecnie na składowisku odpadów przeróbczych nie ma stawu osadowego. Wilgoć zawarta jest w porach odpadów stałych w powiązanej formie.

Odpady stałe ze składowiska odpadów przeróbczych Digmai można podzielić na następujące frakcje według rozkładu wielkości cząstek analogicznie do [86] (tabela 2.2).

Tabela 2.2

Charakterystyczne zmiany w składzie frakcyjnym i aktywności odpadów z hałdy Digmai.

Frakcja	Fajnie, mm	MED, mikrometr na godzinę	Działalność ogółem Bq/kg
Grubowłókno	>30	150-400	1200-3000
Żwir	1,0-30	300-600	3000-6000
Sandy	0,025-1,0		
Piasek i iłowiec .	0,075-0,25		
Muł gliniany	< 0,075	450-2800	18000-30000

Frakcja wielkogabarytowa powstała w procesie składowania radiometrycznych odpadów przeróbczych i rud pozabilansowych wydzielanych podczas sortowania samochodów w zakładzie przetwórstwa rud GMZ. Jego objętość jest niewielka, materiał frakcyjny jest skoncentrowany na północno-wschodniej stronie składowiska odpadów przeróbczych. W przyszłości odpady te mogą być wykorzystywane do konserwacji wysypiska śmieci w celu zmniejszenia zapylenia jego powierzchni.

Materiał z frakcji żwirowej koncentruje się głównie w północno-zachodniej części składowiska odpadów przeróbczych, w rejonie zapory. Całkowita radioaktywność odpadów tej frakcji nie przekracza 6000 Bq/kg.

Pozostałe frakcje są intensywnie mieszane i stanowią większość odpadów stałych składowanych na składowisku odpadów przeróbczych. Najistotniejsza część radioaktywności jest związana z materiałem tych frakcji. Radioaktywność odpadów zależy głównie od ilości znajdującego się w nich radu-226. W hydrometalurgicznej obróbce rud radioaktywnych większość radu zwykle pozostaje w odpadach stałych. Około 1% radu-226 jest w fazie ciekłej o stężeniu pomiędzy 9,2 a 185 Bq/L [83]. Jest on związany z częścią osadową materiału rudnego (tabela 2.2). Dane dotyczące aktywności naturalnych nuklidów promieniotwórczych i zawartości uranu w osadach przeróbczych przedstawiono w tabeli 2.3.

Tabela 2.3

Wyniki oznaczania zawartości naturalnych radionuklidów w skałach osadowych.

Próbka	Aktywność nuklidów promieniotwórczych Bq/kg				U
	226Ra	232.	40K	Aeff.	%
1	10500	147	729	10699	0.04
2	18800	272	499	19161	0.008
3	14500	246	468	14826	0.05
4	10500	212	482	10782	0,06
5	18900	298	586	19295	0,014
6	17900	268	410	18255	0.02
7	27100	226	408	27400	0,024
8	14100	186	466	14348	0.06
9	8800	162	384	9015	0.007
10	5600	168	425	5841	0.002
11	3200	126	460	3404	0.003
12	3600	114	420	3785	0.003

Tabela 2.3 pokazuje, że całkowita specyficzna skuteczna radioaktywność odpadów Aeff, obliczona za pomocą wzoru (2.2), wynosi 95-98% i jest określona na podstawie aktywności Ra-226. Zaobserwowano przesunięcie równowagi radioaktywnej pomiędzy radem i uranem w kierunku radu. Wyjaśnia to fakt, że procesy fizyczne i chemiczne zachodzące podczas hydrometalurgicznego przetwarzania rud mają na celu wydobycie uranu do roztworu i praktycznie nie wpływają na rad w rudach [87].

Do najbardziej niebezpiecznych czynników wpływających na człowieka i środowisko naturalne w przypadku tego składowiska odpadów przeróbczych należą zwiększona intensywność promieniowania gamma, zapylenie powierzchni składowiska odpadów przeróbczych, a w konsekwencji rozprzestrzenianie się zanieczyszczeń na sąsiednie terytoria, jak również uwalnianie i migracja radonu i jego produktów rozpadu.

2.2.2. Tailing Dump Maps 1-9

Wyrzutnia krasowa Mapy 1-9 była eksploatowana w latach 1949-1967. Składowisko odpadów luzem znajduje się w strefie przemysłowej miasta Chkalovsk (rys. 2.2), jest to składowisko fazy stałej odpadów hydrometalurgicznych.

Rys. 2.2 Lokalizacja zrzutu odpadów przeróbczych Mapy 1-9

Powierzchnia zrzutu ogonowego wynosi 18 ha. Strefa ochrony sanitarnej - 50 m. Podczas operacji zgromadzono 3,0 mln ton odpadów radioaktywnych o łącznej aktywności 780 Kyu. Po zakończeniu okresu eksploatacji zwałowisko zostało przykryte warstwą gruntu neutralnego o pojemności 0,5 m. Pozwoliło to wykluczyć pylenie otwartej powierzchni i do pewnego stopnia zmniejszyć efektywną dawkę promieniowania gamma i gęstość strumienia radonu. Obecnie, według wspólnego przedsiębiorstwa LKP-91 [88], składowisko odpadów poflotacyjnych należy do kategorii "zachowane".

Na zakończenie prac konserwatorskich sytuacja radiacyjna na i poza składowiskiem odpadów przeróbczych charakteryzowała się następującymi parametrami (tabela 2.4) [89].

Tabela 2.4

Wartości parametrów środowiska promieniowania wysypiska śmieci z motyką

Lokalizacja	Gleba Charakterystyka	mcr/h DER	OA Bq/m3	EROA Bq/m3	PPR Bq/m2 s
Powierzchnia x-scha	Mieszanka żwiru z kruszywem piaskowym	18-32	36-64	4.6-10.6	0.3-0.8
Obszar przyległy	poczta	12-16	30-36		0,1-0,6

Notatki:

EDR - efektywna dawka promieniowania gamma;

OA to aktywność objętościowa radonu;

EROA - równoważna równowagowa aktywność objętościowa radonu - ważona suma aktywności objętościowej krótkożyciowych produktów pochodnych rozpadu radonu: Ro-218 (RaA), Pb-214 (RaB), Bi-214 (RaC);

PPR - gęstość strumienia radonu.

Jak wynika z tej tabeli, wartości parametrów charakteryzujących sytuację radiacyjną są zwiększone w stosunku do wartości tła. Wartości natężenia promieniowania gamma i gęstości strumienia radonu mieszczą się w granicach norm LCP, ale są zbliżone do ich górnej granicy [88]. Oczywiście pojemność warstwy ochronnej składowiska odpadów poflotacyjnych na Mapie 1-9 nie jest całkiem wystarczająca.

Wyniki oznaczania aktywności naturalnych nuklidów promieniotwórczych przedstawiono w tabeli 2.5 [89].

Tabela 2.5

Aktywność naturalnych nuklidów promieniotwórczych odpadów z wysypiska odpadów przeróbczych

Mapy 1-9

Działalność	Ra-226	Th-232	K-40	Aeff
Aktywność, Bq/kg	10560	212	1420	10850
Działalność, %	97%	2%	1%	100%

Z tabeli wynika, że największy wkład w działalność związaną z odpadami (97%) pochodzi z Ra-226. Jak wynika z [87], jest to ogólny trend charakteryzujący hydrometalurgiczny proces ekstrakcji uranu.

Charakteryzując ten składowisko odpadów promieniotwórczych pod względem potencjalnie niebezpiecznych czynników radiacyjnych, należy przede wszystkim zwrócić uwagę na stosunkowo duże uwalnianie radonu i możliwość skażenia otoczenia produktami jego rozkładu. Warstwa konserwacyjna zapobiega rozprzestrzenianiu się zanieczyszczeń poprzez oddzielanie pyłu.

2.2.3. Hafurov Tailing Dump

Z historycznego punktu widzenia składowisko odpadów poflota w Gafurowie nie posiada praktycznie żadnej strefy ochrony sanitarnej, a budynki mieszkalne z terenami przemysłowymi ściśle przylegają do jego ogrodzenia (rys. 2.3). Wysypisko ogonowe zajmuje powierzchnię 4 ha. Zsypisko ogonowe funkcjonowało w latach 1945-1950. Podczas eksploatacji składowiska odpadów promieniotwórczych zgromadzono 400 tys. ton odpadów radioaktywnych. Główną substancją radioaktywną w pochówku jest rad Curie 160-185.

Rys. 2.3 Lokalizacja składowiska odpadów komunalnych w mieście Komi. Gafurowa [82].

W 1963 r. powierzchnia składowiska odpadów przeróbczych została zabezpieczona warstwą gruntu neutralnego o pojemności do 1 m. W ten sposób wykluczono najbardziej niebezpieczny czynnik rozprzestrzeniania się skażenia radioaktywnego - dyspersję pyłu radioaktywnego. Nie wykluczono jednak całkowicie potencjalnego niebezpieczeństwa migracji radonu do atmosfery. W okresie od 1991 r. do 1995 r. opracowano i wdrożono działania w zakresie usuwania odpadów. W tym samym okresie wyeliminowano zabudowę na terenie wschodniej części składowiska odpadów poflotacyjnych, jako niespełniającą standardów sanitarnych. Obecnie według wspólnego przedsiębiorstwa LKP [88] wysypisko jest klasyfikowane jako "zakopane". Obserwatorzy MAEA odnotowują również zadowalający stan składowiska odpadów przeróbczych i brak jakiegokolwiek poważnego wpływu na żywą populację [90]. Ponieważ jednak składowisko odpadów poflotacyjnych znajduje się w bliskiej odległości od terenów mieszkalnych miasta, zalecany jest regularny monitoring. Takie obserwacje prowadzone są przez SE "Vostokredmet".

Zgodnie z danymi z monitoringu z lat 2008-2009 wartości natężenia promieniowania gamma na powierzchni warstwy ochronnej mieszczą się w granicach od 10 do 22 μR/h, co odpowiada naturalnemu promieniowaniu tła powierzchni. Tempo emisji radonu (eschalacja) nie przekracza 0,1 Bq/m2s przy średnich wartościach 0,04-0,06 Bq/m2s. Wartości te są znacznie niższe niż normy graniczne [88], ustalone dla zakopanych składowisk odpadów poflotacyjnych, i są zbliżone do wartości tła dla danego obszaru.

2.3. Oprogramowanie i oprogramowanie metodyczne do rozwiązywania problemów związanych z modelowaniem migracji w odniesieniu do skażenia promieniotwórczego

2.3.1. Migracja atmosferyczna radonu

Zadanie modelowania migracji radonu w atmosferze jest w mniejszym lub większym stopniu istotne dla wszystkich składowisk odpadów przeróbczych zarówno w trakcie ich eksploatacji, jak i na etapie konserwacji i usuwania. Zadanie to jest rozwiązywane przez modele Gauss i OND-86. Modele te są wdrażane przez pakiet oprogramowania ERA.

2.3.1.1. Pakiet oprogramowania ERA

PC ERA został opracowany przez Logos-Plus w Nowosybirsku. Pakiet oprogramowania ERA jest przeznaczony do rozwiązywania szerokiego zakresu zadań w dziedzinie ochrony powietrza atmosferycznego [91].

W wersji podstawowej, kompleks pozwala:

- przeprowadzić inwentaryzację emisji zgodnie z "Instrukcją dotyczącą inwentaryzacji emisji zanieczyszczeń do powietrza"_[92] oraz szczególnymi wymogami terytorialnych organów ochrony przyrody [93];

- wykonanie obliczeń stężeń powierzchniowych zanieczyszczeń w powietrzu atmosferycznym zgodnie z metodyką obliczania stężeń OND-86 [94];

- stworzenie i wydanie kompletnej dokumentacji, w tym map sytuacyjnych terenu z zastosowanymi na nich wykresami szacunkowych stężeń zanieczyszczeń, źródeł zanieczyszczeń, granic stref ochrony sanitarnej i mieszkaniowej [95].

W wersji rozszerzonej użytkownik może również wykonywać obliczenia za pomocą modelu Gaussa i modelu pościeli [51]. Schemat blokowy kompleksu przedstawiony jest na rys. 2.4.

2.3.1.2. Dostosowanie PC ERA do obliczania stężeń radonu

Pakiet oprogramowania jest ukierunkowany na zanieczyszczenia chemiczne zawarte w emisjach roślinnych. Do obliczeń rozpraszania i migracji radonu i innych substancji promieniotwórczych wprowadzono pewne zmiany i uzupełnienia do kompleksu. Informacje dotyczące radonu i pyłu przemysłowego zgodnie z P.4.2 "Normy bezpieczeństwa promieniowania" [85, 96] zostały wprowadzone do biblioteki substancji. Jednostki stężenia mg/m3 zostały zastąpione przez jednostki aktywności objętościowej Bq/m3. Moc źródeł emisji jest wyrażona w Bq/m2s zamiast w g/m2s. Źródła emisji przedsiębiorstw przemysłowych mają proste formy geometryczne (okrąg, prostokąt, linia). Tamy ogonowe mają często skomplikowany kształt. Dlatego też każde z nich jest przedstawione jako zestaw kilku prostych źródeł, na których dane są zapisywane w bloku przygotowania danych.

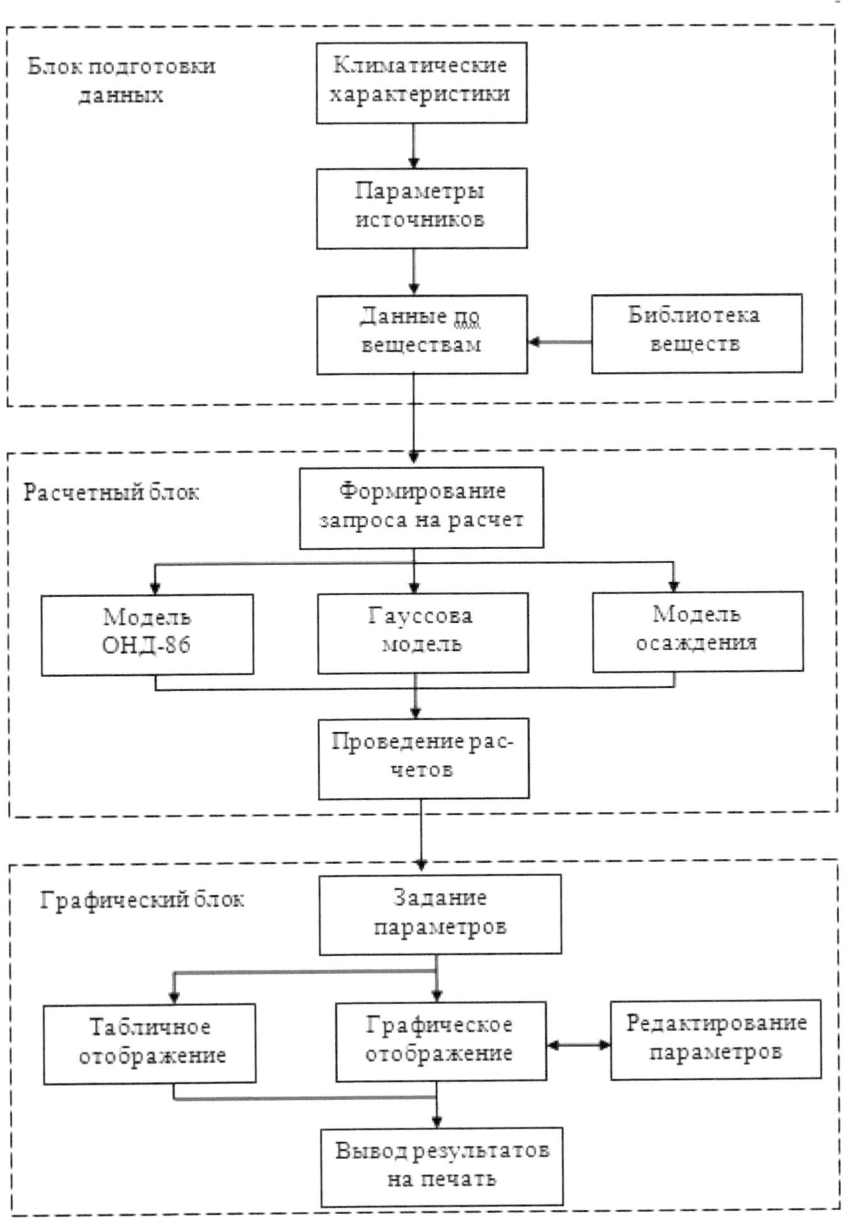

Rys. 2.4 Schemat blokowy ERA PC

2.3.2. Rozprzestrzenianie się zanieczyszczeń pyłem

Jednym z czynników negatywnie wpływających na środowisko naturalne jest erozja wiatru na otwartych powierzchniach zapór osadowych. Powoduje to przeniesienie materiału radioaktywnego na zewnątrz składowiska odpadów przeróbczych, a w konsekwencji rozszerzenie strefy skażenia.

2.3.2.1. Symulacja rozkładu pyłu skażenie radioaktywne

Autor opracował podejście do rozwiązywania problemów modelowania procesów transportu materiałów radioaktywnych przez wiatr oraz prognozowania rozprzestrzeniania się zanieczyszczeń z wykorzystaniem aparatury matematycznej głównych modeli transportu, której opis przedstawiono w rozdziale 1.4 [55].

Na rys. 2.5 przedstawiono proces powstawania skażeń radioaktywnych terenów bezpośrednio przylegających do składowisk odpadów przeróbczych.

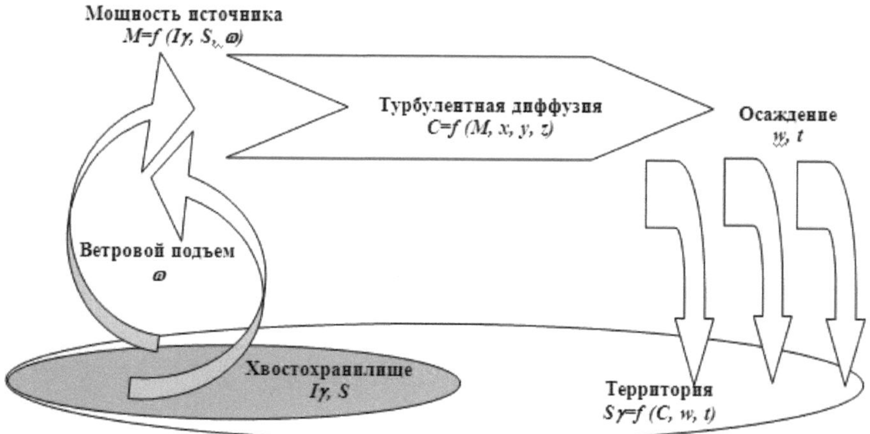

Rys. 2.5 Tworzenie się zanieczyszczeń w sąsiednich obszarach

Źródłem zanieczyszczeń jest powierzchnia zrzutu odpadów resztkowych, charakteryzująca się dawką promieniowania gamma $I\gamma$ i powierzchnią S. Moc emisji *M jest określana na podstawie* parametrów źródła i prędkości wiatru ω. W wyniku procesów transportu i rozpraszania w punkcie o współrzędnych (x, y, z) powstaje stężenie C, określone za pomocą równań dyfuzji burzliwej. Zanieczyszczenie sąsiednich obszarów powstaje w wyniku osadzania się zanieczyszczeń z szybkością *w przedziale* czasowym t.

Możliwość wykorzystania aparatury matematycznej modeli transportu do rozwiązania problemu opiera się na zależności pomiędzy stężeniem zanieczyszczenia (substancji zanieczyszczającej) w powietrzu a ilością materiału (działalności) nagromadzonego na powierzchni w określonym czasie. Parametry te są powiązane ze sobą za pomocą równania:

$$Bs = C\,w\,t \qquad (2.3)$$

gdzie Bs jest aktywnością wytrącanego materiału w czasie t na 1 m2, Bq/m2;

C - Stężenie dźwięku w powietrzu, Bq/m3;

w - szybkość osadzania, m/s.

Różne modele wykorzystują różne równania (1.6-1.11) do obliczania stężenia zanieczyszczeń. Analizując proponowane równania, można zauważyć, że łączy je obecność bezpośredniej proporcjonalnej zależności stężenia C *od* źródła zasilania M.

$C\,M\sim$

Moc źródła można zdefiniować jako:

$$M = Q\,S\omega, \qquad (2.4)$$

gdzie Q jest aktywnością objętościową źródłowej warstwy powierzchniowej gleby, Bq/m3;

S - powierzchnia sprężyny, m2.

ω - prędkość wiatru, m/s.

Aktywność objętościowa, w pierwszym przybliżeniu, może być zastąpiona przez natężenie promieniowania gamma $I\gamma$ powierzchni źródła pomnożone przez pewien współczynnik konwersji *Ri*. Tak więc, jeżeli moc źródła *M zostanie zastąpiona przez* iloczyn $I\gamma S$, wówczas otrzymamy dane stężenie $\underline{C}$ równe

$$\underline{C} = C\,(\omega Ri) \tag{2.5}$$

Używając tego wyrażenia we wzorze (2.3), otrzymujemy

$$Bs = \frac{\underline{C}\,w\,t}{(\omega Ri)} \tag{2.6}$$

Z drugiej strony, można założyć, że natężenie promieniowania gamma w punkcie osadzania $S\gamma$ będzie proporcjonalne do aktywności materiału osadzonego w jednostce *Bs*.

$$S\gamma = Bs\;Rs \tag{2.7}$$

gdzie *Rs* jest czynnikiem proporcjonalności,

wtedy:

$$S\gamma = \underline{C}\,N \tag{2.8}$$

gdzie *N jest* współczynnikiem kumulacyjnym równym

$$N = \frac{Rs\,w\,t}{\omega Ri} \tag{2.9}$$

Podane stężenie $\underline{C}$ dla każdego punktu obliczane jest za pomocą zatwierdzonych zespołów programów implementujących algorytm stosowanych modeli. Współczynnik *N* jest określany podczas procesu kalibracji modelu.

2.3.2.2. Metodyka kalibracji modelu

Kalibracja modelu odbywa się w następujący sposób. Kilka charakterystycznych profili, równomiernie rozłożonych na powierzchni, określa teoretyczne wartości danego stężenia $\underline{C}$ oraz rzeczywiste dane o natężeniu promieniowania gamma

$S\gamma$. Współczynnik *N jest określany na podstawie* najmniejszego odchylenia standardowego wartości teoretycznych i rzeczywistych.

Tabele 2.6-2.8 przedstawiają wyniki kalibracji modelu na przykładzie Digmai Tailings Dump przy użyciu aparatury matematycznej Gaussa, OND-86 i osadzania na powierzchni podłoża. Obliczenia teoretyczne są porównywane z praktycznymi danymi uzyskanymi z badania gamma przeprowadzonego w 2008 roku.

Tabela 2.6

Wyniki kalibracji modelu przy użyciu równań Gaussa

№	Zmierzona dawka, μR/h	Stężenie podane, podsłuchane.	LP Współczynnik
1-2	170	620	0.27
1-3	130	450	0.29
1-4	60	220	0.27
1-5	35	150	0.23
1-6	22	100	0.22
1-7	19	90	0.21
1-8	17	80	0.21
1-9	15	70	0.21
2-2	220	1000	0.22
2-3	110	350	0.31
2-4	38	220	0.17
2-5	27	170	0.16
2-6	20	150	0.13
2-7	15	140	0.11
2-8	15	130	0.12
3-5	180	600	0.30
3-6	50	300	0.17
3-7	30	200	0.15
3-8	22	150	0.15
3-9	17	100	0.17
4-2	50	300	0.17
4-3	130	500	0.26
4-4	36	200	0.18
4-5	15	100	0.15
4-6	15	80	0.19
N por.			**0.20**
S			**21.79**
V			**37%**

Tabela 2.7

Wyniki kalibracji modelu przy użyciu równań OND-86

№	Zmierzona dawka, μR/h	Stężenie podane, podsłuchane.	LP Współczynnik
1-2	170	700	0.24
1-3	130	600	0.22
1-4	60	500	0.12
1-5	35	400	0.09
1-6	22	350	0.06
1-7	19	300	0.06
1-8	17	250	0.07
1-9	15	200	0.08
2-2	220	800	0.28
2-3	110	750	0.15
2-4	38	700	0.05
2-5	27	600	0.05
2-6	20	580	0.03
2-7	15	520	0.03
2-8	15	470	0.03
3-5	180	600	0.30
3-6	50	570	0.09
3-7	30	550	0.05
3-8	22	470	0.05
3-9	17	400	0.04
4-2	50	550	0.09
4-3	130	500	0.26
4-4	36	400	0.09
4-5	15	350	0.04
4-6	15	300	0.05
N por.			**0.10**
S			**52.23**
V			**90%**

Tabela 2.8

Wyniki kalibracji modelu z zastosowaniem równań osadzania na powierzchni bazowej

№	Zmierzona dawka, μR/h	Parametr opadu, słyszałem.	Współczynnik N-10-4
1-2	170	222000	7.65
1-3	130	190000	6.83
1-4	60	159000	3.78
1-5	35	127000	2.76
1-6	22	111000	1.98
1-7	19	95200	2.00
1-8	17	79400	2.14
1-9	15	63500	2.36
2-2	220	254000	8.66
2-3	110	238000	4.62
2-4	38	222000	1.71
2-5	27	190000	1.42
2-6	20	184000	1.09
2-7	15	165000	0.91
2-8	15	149000	1.01
3-5	180	190000	9.45
3-6	50	181000	2.76
3-7	30	175000	1.72
3-8	22	149000	1.47
3-9	17	127000	1.34
4-2	50	175000	2.86
4-3	130	159000	8.19
4-4	36	127000	2.84
4-5	15	111000	1.35
4-6	15	95200	1.58
N por.			**3.30**
S			**51.53**
V			**88%**

Akumulacja, migracja i rozkład izotopów promieniotwórczych w glebie

Pakiet oprogramowania Ecolego-4 został wykorzystany jako narzędzie programowe do modelowania fizycznych i chemicznych procesów akumulacji, migracji i rozkładu izotopów promieniotwórczych w powierzchniowych warstwach gleby.

2.3.2.3. Pakiet oprogramowania Ecolego-4

Pakiet oprogramowania Ecolego został opracowany przez Facilia (Szwecja) [97]. W ramach projektu MAEA RER/9/086 kompleks "Ecolego-4" został przeniesiony do krajów Azji Środkowej - uczestników projektu. Projekt ten przewiduje poprawę środków technicznych, metod i programów badań radiologicznych środowiska na terenach, na których znajdują się dawne zakłady produkcji uranu [90].

Kompleks oprogramowania umożliwia implementację modeli transferu, akumulacji i rozkładu izotopów promieniotwórczych.

- ***EcolegoTM*** jest pakietem aplikacji, który pozwala na tworzenie dynamicznych modeli i wykonywanie deterministycznego lub probabilistycznego modelowania.
- ***EcolegoTM*** może być używane do oceny bezpieczeństwa lub oceny ryzyka złożonych systemów dynamicznych, które zmieniają się w czasie. Ecolego używa języka MATLAB® i narzędzia Simulink do wykonywania obliczeń i modelowania systemów dynamicznych.
- Osobliwością kompleksu programu ***EcolegoTM jest to***, że zawiera on aparaturę matematyczną, która pozwala na automatyczne rozliczanie procesów rozkładu i akumulacji różnych izotopów promieniotwórczych.

Należy zauważyć, że kompleks oprogramowania "***EcolegoTM***" nie jest żadnym konkretnym modelem. Zadaniem kompleksu jest implementacja modeli sformułowanych przez użytkownika. Za jego pomocą można odtworzyć najbardziej różnorodne procesy opisane konkretnymi wyrażeniami matematycznymi. Przede wszystkim jednak koncentruje się on na rozwiązywaniu problemów związanych z fizycznym i chemicznym masowym przenoszeniem substancji promieniotwórczych. Aby rozwiązać ten problem, w kompleksie znajduje się biblioteka izotopów radioaktywnych. Sam kompleks ma strukturę blokową.

Blok jest nazwą używaną w ***EcolegoTM*** dla komponentów używanych do budowy modelu, która może być pokazana w matrycy interakcji. Główne bloki to: Źródło, Przegroda, Transfer, Zlewozmywak.

Podstawowe założenia:

- cała napływająca materia (np. nuklidy promieniotwórcze) jest natychmiast równomiernie rozprowadzana w całym związku;

- Wielkość zagęszczenia wybierana jest w zależności od przedziału czasu modelowania i szybkości zmian w procesie: im szybciej przebiega proces, tym mniejsza powinna być wielkość zagęszczenia i system powinien być podzielony na więcej bloków;

- związek ten ma jednorodne właściwości.

Rys.2.6-a przedstawia schematycznie połączenia pomiędzy firmami modelu w postaci schematu przepływu z jednego bloku do drugiego. Na rys. 2.6-b przedstawiono te same informacje z wykorzystaniem matrycy interakcji, która jest sposobem reprezentacji modeli w programie ***EcolegoTM***.

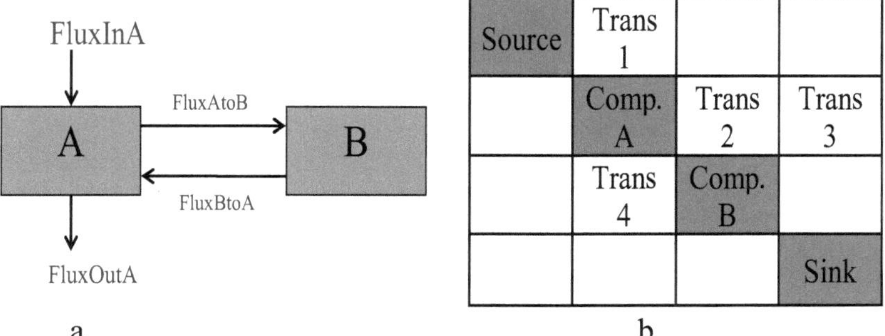

Rys.2.6 Model koncepcyjny przedstawiony (a) jako schemat przepływu substancji oraz (b) jako matryca interakcji.

Strzałki na rysunku (a) odpowiadają blokom transferowym na rysunku (b) i reprezentują strumienie transferowe nuklidów promieniotwórczych.

2.3.2.4. Tymczasowy model migracji izotopów promieniotwórczych w glebie

Proponowany model opisuje fizyczne i chemiczne procesy masowego przenoszenia radionuklidów w górnych warstwach gleby. Ponieważ skażenie promieniotwórcze jest najsilniej związane z Ra-226 i jego produktami rozpadu [87], model ten odzwierciedla procesy akumulacji, migracji i rozpadu pierwiastków promieniotwórczych w łańcuchu:

Ra-226 → Rn-222 → Pb-210 → Po-210.

Nuklidy promieniotwórcze Ra-226, Pb-210, Po-210 dostają się do systemu z powietrza atmosferycznego w postaci aerozoli osadzonych na powierzchniowej warstwie gleby. Tutaj dochodzi do ich nagromadzenia i rozpadu. Jednocześnie, na skutek przeniesienia konwekcyjno-dyfuzyjnego, radionuklidy migrują do niżej położonych warstw.

Równanie dyfuzji konwekcyjnej jest zapisane w formie:

$$= \frac{''C}{dt} \quad D - V \quad \frac{d2S}{dx2} \quad \frac{''C}{dx} \tag{2.10}$$

gdzie *C jest* stężeniem radionuklidów w glebie;

D jest efektywnym współczynnikiem dyfuzji;

V - liniowa prędkość ruchu radionuklidów pod wpływem wilgoci.

W wielu modelach wykorzystujących numeryczne metody obliczeniowe migracja pionowa jest rozpatrywana jako wynik jednoczesnego ruchu przegubowego pod wpływem ruchu filtrującego i dyfuzyjnego [98]. Przyjmuje się, że szybkość przenoszenia radionuklidu z jednego kompotu (dawcy) do drugiego (odbiornika) jest funkcją ilości radionuklidu w kompocie - dawcy.

Ogólne równanie bilansu masy dla przedziałów można przedstawić w poniższej formie [99]:

$$\dot{q}_i = \sum_{j \neq i} \left(- F_{ij} + F_{ji}\right) + \sum Source - \sum Loss - Decay + Ingrowth \quad , \tag{2.11}$$

gdzie qi jest ilością radionuklidu *i*;

Fji i *Fji* to masowe przepływy pomiędzy firmami;

Kurs - przyjęcie do firmy z zewnątrz;

Straty są stratami wynikającymi ze spływu z zagęszczania;

Rozpad - straty spowodowane procesami *rozkładu*;

Wrastanie to połykanie w obrębie związku.

Model matematyczny jest układem dwóch równań różniczkowych opisujących zmiany zawartości radionuklidów w dwóch warstwach gleby, powierzchni i podłożu.

Zmiana zawartości radionuklidów w warstwie powierzchniowej jest opisana równaniem różnicowym gatunkowym:

DA1

$$= Wej.\frac{\cdot}{dt} \cdot TC1\text{-}A1\text{-}\lambda_{i\text{-}A1} + \lambda_{i\text{-}1\text{-}A1} \quad (2.12)$$

gdzie, *A1*- aktywność radionuklidów w powierzchniowej warstwie gleby, Bq/kg;

Wejście - wielkość poboru radionuklidów Bq/kg na rok;

TC1 - Szybkość przenikania radionuklidu z warstwy powierzchniowej na podłoże, 1/rok.

λ_i, λ_{i-1} - stałe rozpadu radioaktywnego i-tego nuklidu promieniotwórczego oraz poprzedzającego go matczynego i-1.

Zmiana zawartości radionuklidów w podłożu glebowym przedstawiona jest w poniższym równaniu:

$$\frac{dA2}{dt} = TC1\text{-}A1\text{-}TC2\text{-}A2\text{-}\lambda_{i\text{-}}\,A2 + \lambda_{i\text{-}1\text{-}A2} \quad (2.13)$$

gdzie *A2* jest aktywnością radionuklidu w spodniej warstwie gleby, Bq/kg;

TC2 - Przepływ od podłoża do głębszych warstw, 1/rok.

W prawej części tych równań pierwszy termin opisuje procesy akumulacji, drugi - procesy migracji, a trzeci i czwarty - procesy rozpadu izotopów promieniotwórczych.

Proponowany model jest realizowany w oparciu o kompleks programowy "Ecolego".

Rys. 2.7 przedstawia matrycę interakcji elementów modelu w systemie "Ecolego".

Matryca składa się z czterech głównych bloków diagonalnych i trzech bloków wpływu. Bloki przekątne reprezentują różne elementy ekosystemu. Są to: atmosfera (Atmosfera), warstwa powierzchniowa (Gleba 1), podłoże (Gleba 2) i głębokie warstwy gleby (Tonięcie). Bloki wpływu - Flux1, Flux2, Flux3 - reprezentują przepływ zanieczyszczeń z jednego elementu ekosystemu do drugiego.

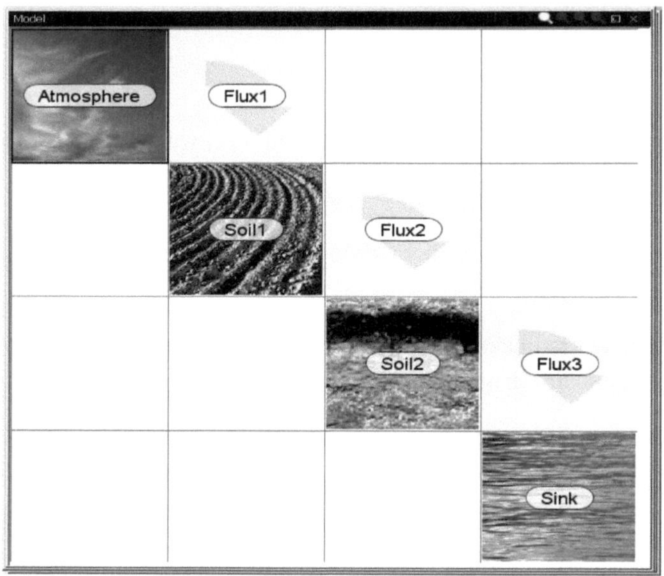

Rys. 2.7 Matryca modelu interakcji przenoszenia zanieczyszczeń radioaktywnych

W Ecolego, system równań różniczkowych jest rozwiązywany krok po kroku. Program wykorzystuje zmienny w czasie krok, który pozwala na szybszą symulację i dokładniejsze wyniki. Optymalny krok jest wybierany automatycznie przez program.

ROZDZIAŁ 3. SYTUACJA BIEŻĄCA I PROGNOZA

SYTUACJA RADIACYJNA

3.1. Symulacja współczesnej sytuacji radiacyjnej na składowiskach odpadów przeróbczych

Jak wspomniano powyżej, w regionie znajduje się obecnie dziesięć obiektów radioaktywnych stworzonych przez człowieka. Najbardziej niebezpieczne pod względem potencjalnego oddziaływania na środowisko są składowiska odpadów poubojowych Digmai, Gafurov oraz Mapa 1-9 składowisk odpadów poubojowych. Procesy atmosferycznej migracji radonu i pylenia otwartych powierzchni składowisk odpadów przeróbczych należy rozpatrywać z punktu widzenia rozprzestrzeniania się zanieczyszczeń poprzez atmosferyczny transfer masy.

3.1.1. Obsługa Digmai Tailing Dumping

3.1.1.1. Migracja atmosferyczna radonu

Normy bezpieczeństwa radiologicznego NRB-06 obowiązujące w Tadżykistanie określają średnie roczne dopuszczalne stężenie radonu. Zgodnie z tymi normami, dawka skuteczna dla populacji nie powinna przekraczać 1 mSv/rok, co odpowiada efektywnej równowagowej aktywności objętościowej radonu (EPOARn) w powietrzu strefy oddechowej - 62 Bq/m3.

Zadanie monitorowania sytuacji radonowej zostało rozwiązane poprzez modelowanie matematyczne w połączeniu z pomiarami sprzętowymi.

W celu uzyskania danych o mocy uwalniania radonu wykonano pomiary gęstości strumienia radonu (FFD) z powierzchni zwałowiska odpadów przeróbczych przy użyciu przyrządu PRA-01M. Ponieważ składowisko odpadów przeróbczych było złożone pod względem kształtu, podzielono je na pięć prostokątnych źródeł, z których każde odpowiadało średniej wartości ODP i całkowitej mocy uwalniania radonu. Dane te zostały przedstawione w tabeli 3.1.

Tabela 3.1

Gęstość przepływu i całkowita zdolność uwalniania radonu z powierzchni składowiska Digmai Tailings

numer źródłowy	PPR, Bq/m2s	Powierzchnia źródła S, km2	Moc źródła M, KBK/s
1	7.6	0.24	1 824
2	7.5	0.28	2 100
3	6.8	0.20	1 360
4	8.0	0.14	1 120
5	6.8	0.05	340

Pakiet oprogramowania ERA został wykorzystany do obliczenia przewidywanego stężenia radonu. Na podstawie Rys.2.1 w środowisku edytora graficznego wykonano schemat sytuacyjny obszaru.

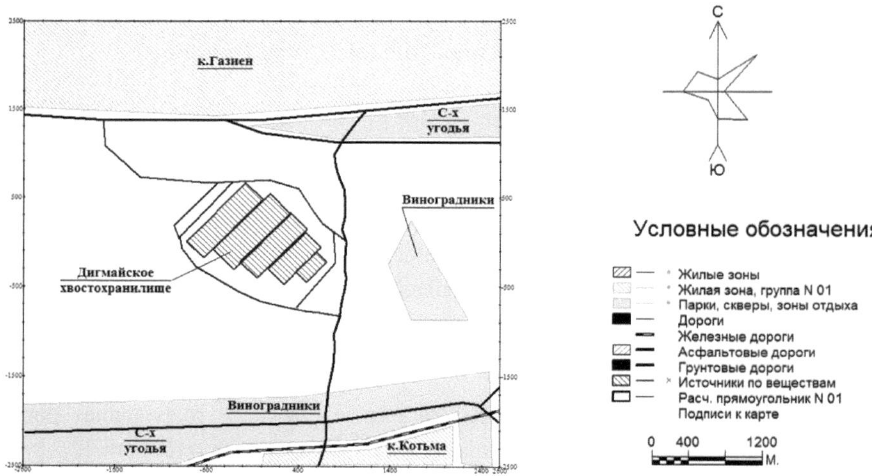

Rys. 3.1 Schemat lokalizacji składowiska odpadów przeróbczych Digmai

Obliczenia zostały wykonane na dwóch modelach: modelu Gaussa i OND-86. W obliczeniach wzięto pod uwagę stężenia tła, które dla danego obszaru wahają się od 3-10 Bq/m3. Wyniki przedstawione są jako izoliny we frakcjach MAC. Podkreślono również punkt, w którym koncentracja osiąga swoje maksimum.

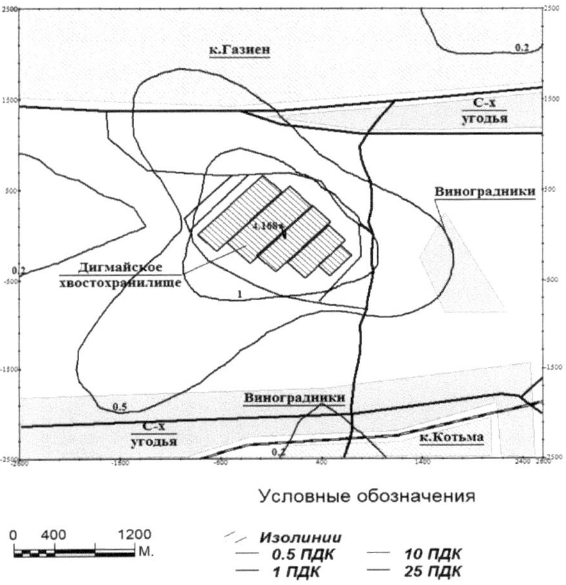

Rysunek 3.2 Średnie roczne stężenia radonu według modelu OND-86.

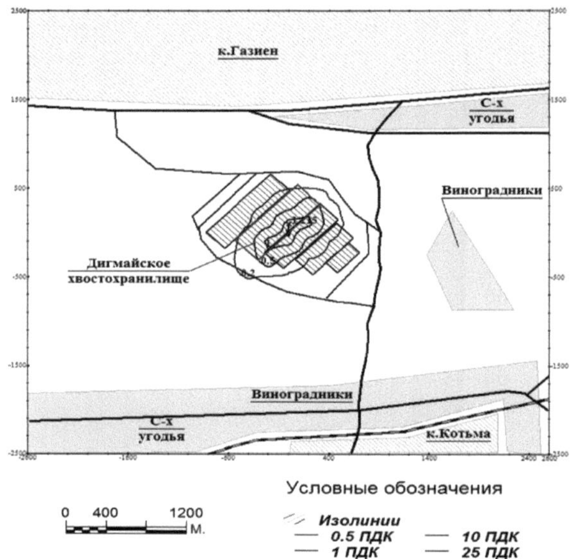

Rys. 3.3 Średnie roczne stężenia radonu według modelu Gaussa

Rysunki 3.2, 3.3 pokazują, że wyniki obliczeń stężenia radonu przeprowadzonych przy użyciu różnych modeli są zasadniczo różne. Model OND-86 daje znacznie wyższe stężenia niż model Gaussa. Dla porównania obliczonych i rzeczywistych danych, pomiary efektywnej równowagi objętościowej aktywności radonu (EPOA) wykonano w dwunastu punktach równomiernie rozłożonych na powierzchni składowiska odpadów przeróbczych. Urządzenie PRA-01M zostało wykorzystane jako baza sprzętowa. Tabela 3.2 przedstawia porównanie danych z pomiarów naturalnych z wynikami obliczeń, a także wskaźniki statystyczne modeli obliczonych zgodnie z [100].

Tabela 3.2

Porównanie wyników pomiarów radonu EROA z danymi obliczeniowymi

№	Radon EROA, Bq/m3		
	Rzeczywiste dane	Dane obliczeniowe	
		Model Gaussa	Model OND-86
1	11	8	103
2	46	8	208
3	17	7	176
4	56	39	207
5	27	47	253
6	21	45	229
7	43	69	235
8	41	68	245
9	52	9	191
10	3	10	223
11	53	7	163
12	12	8	193
Średnia	31.8	27.1	202.2
Odchylenie od średniej		-15%	535%
Odchylenie standardowe, S		± 26.2	± 175.1
Współczynnik zmienności, V		97%	87%

Wpływ warunków pogodowych na rzeczywiste wyniki pomiarów utrudnia porównanie stężeń w określonych punktach dla obu modeli, ale średnia modelu Gaussa jest najbardziej zbliżona do rzeczywistej. Literatura [37] odnosi się do 20-30% dokładności tego typu modeli. Tak więc uzyskana rozbieżność 15% jest całkiem zadowalająca.

Model OND-86 daje bardzo wysokie wartości EROA, które nie odpowiadają rzeczywistym wynikom pomiarów. Ponadto na rys. 3.2 pokazano, że model OND-86 pokazuje, że uderzenie zrzutu tylnego wykracza daleko poza jego granice. Podwyższone stężenie radonu powinno było być obserwowane w odległości do jednego kilometra od zrzutu odpadów promieniotwórczych. Jednakże pomiary przeprowadzone na granicy strefy ochrony sanitarnej wykazały, że EPO radonu w tym obszarze mieści się w granicach 3-10 Bq/m3, co odpowiada wartościom tła.

Można stwierdzić, że model OND-86 nie odzwierciedla rzeczywistego obrazu. Potwierdza to, że OND-86 jest bardziej skoncentrowany na obliczaniu chwilowych maksymalnych pojedynczych stężeń zanieczyszczeń w atmosferze. Podczas gdy model gaussowski wydaje się bardziej odpowiedni dla uśrednionych szacunków.

3.1.1.2. Rozprzestrzenianie się zanieczyszczeń pyłem

Analogicznie do zadania modelowania migracji atmosferycznej przedstawiono zrzut radonu w postaci pięciu kwadratowych źródeł o kształcie prostokątnym. Jednak powstanie nowoczesnego obszaru skażenia promieniotwórczego nie może być wynikiem działania tylko źródeł powierzchniowych powstałych po wyschnięciu stawu. W okresie aktywnego napełniania misy zrzutu odpadów poflotacyjnych główną rolę w tym procesie odgrywała strefa przybrzeżnej plaży. Strefa ta, która wyznaczała granice bryły składowiska odpadów przeróbczych, była stale aktualizowana o materiały radioaktywne narażone na transport wiatrem. Tak więc w modelowaniu rozkładu pyłu na hałdzie jako źródła zanieczyszczeń, jest on reprezentowany przez połączenie źródeł powierzchniowych i liniowych.

Symulację rozkładu zanieczyszczeń pyłowych przeprowadzono zgodnie z metodyką opisaną w punkcie 2.2.2. W wyniku kalibracji obliczono złożony współczynnik N przy użyciu aparatury matematycznej różnych modeli transportu. Ostateczne wyniki kalibracji są podane w tabeli 3.3.

Tabela 3.3.

Wyniki kalibracji z wykorzystaniem różnych metod matematycznych

Urządzenie

№	Matematyka Maszyna	N	odchylenie RMS, S	Współczynnik zmienności, V
1	Równania Gaussa	0.20	21.79	37%
2	OND-86	0.10	52.23	90%
3	Deponowanie na powierzchni podkładu	3.30E-04	51.53	88%

Analizując dane kalibracyjne, można zauważyć, że zastosowanie aparatury matematycznej modelu gaussowskiego daje zadowalające wyniki. Modele OND-86 i osadzanie na powierzchni bazowej dają wartości S i V 2-2,5 razy wyższe niż dane z modelu Gaussian. Charakterystyka statystyczna modeli osadzania OND-86 i podkładów jest praktycznie identyczna. Oczywiście, używają oni identycznego aparatu matematycznego, a zatem model osadzania nie może być w tym przypadku uważany za niezależny. Na Rys. 3.4 przedstawia porównanie danych teoretycznych z wynikami pomiarów instrumentalnych natężenia promieniowania gamma wzdłuż profilu od konturu zrzutu odpadów przerębowych do granicy strefy ochrony sanitarnej (SPZ).

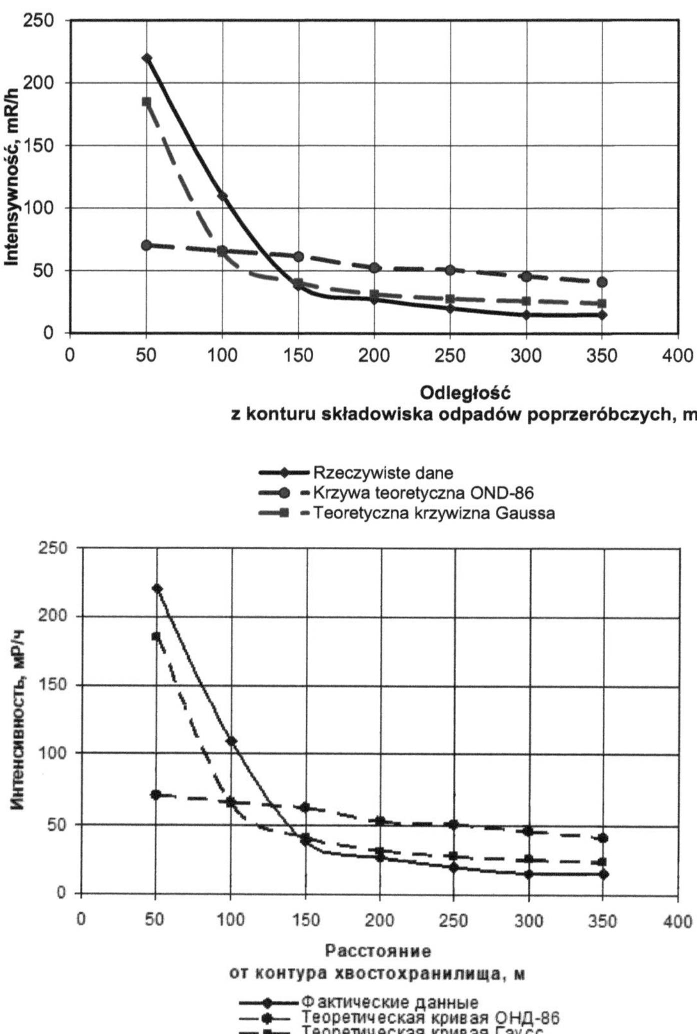

Rysunek 3.4 Dawka promieniowania gamma w profilu kontrolnym

Wykazano, że teoretyczna krzywa na modelu OND-86 nie odpowiada rzeczywistej sytuacji. Dane dotyczące natężenia promieniowania gamma w pobliżu składowiska odpadów przeróbczych są znacznie zaniżone, podczas gdy granica zanieczyszczenia sięga daleko poza SPZ, co nie jest potwierdzone przez rzeczywiste pomiary. Teoretyczna krzywa modelu Gaussa jest stosunkowo dobrze dopasowana do rzeczywistej.

Na Rys. 3.5 przedstawia wynik modelowania obszaru rozprzestrzeniania się skażenia radioaktywnego za pomocą aparatury matematycznej modelu gaussowskiego. Wyniki przedstawione są w postaci izolin o natężeniu promieniowania gamma.

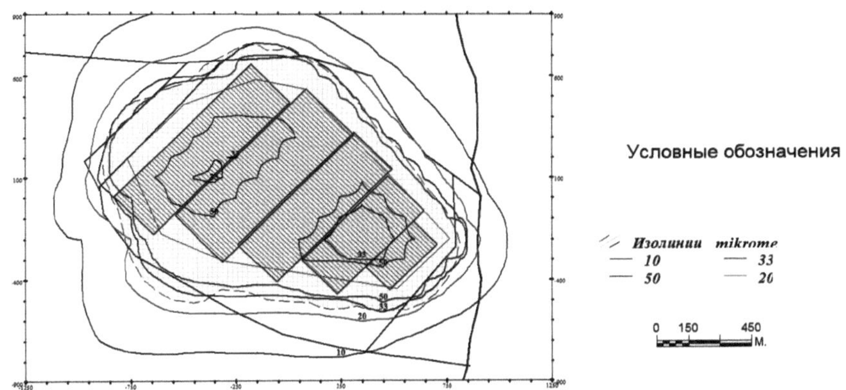

Rys. 3.5 Rozprzestrzenianie się skażenia radioaktywnego na obszarze

Podczas monitoringu radiologicznego mierzono natężenie promieniowania gamma za pomocą radiometrów DCS-96, SRP-68, SRP-88 i ISS-07. W oparciu o wyniki badań z 2009 r. określono kontury skażenia promieniotwórczego sąsiedniego terytorium ze względu na pylącą różnorodność materiałów promieniotwórczych. Jako izolinę ograniczającą kontur zanieczyszczeń wybrano wartość natężenia promieniowania gamma 33 μR/hr. Zgodnie z [88], maksymalna moc promieniowania gamma nie powinna przekraczać wartości tła o więcej niż 20 μR/h. Naturalne tło Wzgórz Digmai jest szacowane na 12-14 μR/godzinę.

Na Rys. 3.5 pokazuje, że obszar skażenia radioaktywnego zidentyfikowany za pomocą pomiarów instrumentalnych (obszar zacieniony) faktycznie pokrywa się z 33 μR/hr izoliny zgodnie z danymi z modelowania. Tak więc zastosowanie aparatury matematycznej Gaussa i opracowanej metody kalibracji pozwala na stworzenie modelu rozkładu zanieczyszczeń pyłowych w przyległym obszarze.

Wdrożenie tego modelu z wykorzystaniem pakietu oprogramowania ERA daje szereg dodatkowych możliwości. Wyniki obliczeń mogą być przedstawione zarówno w formie graficznej jak i tabelarycznej. W formie tabelarycznej w każdym punkcie obliczeniowym zdefiniowane jest stężenie zanieczyszczeń, a także podany jest wykaz źródeł podających maksymalny udział w zanieczyszczeniu. Analizując te informacje można zauważyć, że zarówno przestrzenne, jak i liniowe źródła zanieczyszczeń uczestniczyły w tworzeniu nowoczesnego obszaru zanieczyszczeń. Na podstawie analizy, obszar przyległy jest zdezagregowany według źródła, które wnosi największy wkład. Na Rys. 3.6 przedstawia wynik analizy informacji tabelarycznej skonwertowany do pliku pseudo graficznego.

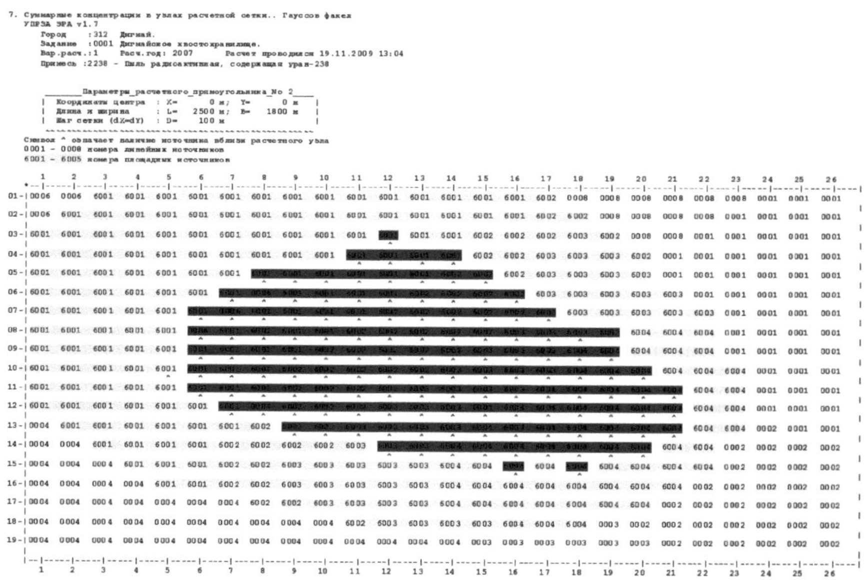

7. Суммарные концентрации в узлах расчетной сетки.. Гауссов факел
УПРЗА ЭРА v1.7
Город :312 Дигмай.
Задание :0001 Дигмайское хвостохранилище.
Вар.расч.:1 Расч.год: 2007 Расчет проводился 19.11.2009 13:04
Примесь :2238 - Пыль радиоактивная, содержащая уран-238

Параметры_расчетного_прямоугольника_No 2
| Координаты центра : X= 0 м; Y= 0 м |
| Длина и ширина : L= 2500 м; B= 1800 м |
| Шаг сетки (dX=dY) : D= 100 м |

Символ ^ означает наличие источника вблизи расчетного узла
0001 - 0008 номера линейных источников
6001 - 6005 номера площадных источников

	1	2	3	4	5	6	7	8	9	10	11	12	13	14	15	16	17	18	19	20	21	22	23	24	25	26
01	0006	0006	6001	6001	6001	6001	6001	6001	6001	6001	6001	6001	6001	6001	6001	6001	6002	0008	0008	0008	0008	0008	0008	0001	0001	0001
02	0006	6001	6001	6001	6001	6001	6001	6001	6001	6001	6001	6001	6001	6001	6001	6001	6002	6002	0008	0008	0008	0008	0001	0001	0001	0001
03	6001	6001	6001	6001	6001	6001	6001	6001	6001	6001	6001	[illegible]	6001	6001	6002	6002	6002	6003	6002	0008	0008	0001	0001	0001	0001	0001
04	6001	6001	6001	6001	6001	6001	6001	6001	6001	6001	[illegible]	[illegible]	[illegible]	[illegible]	6002	6002	6003	6003	6003	6002	0001	0001	0001	0001	0001	0001
05	6001	6001	6001	6001	6001	6001	6001	[illegible]	[illegible]	[illegible]	[illegible]	[illegible]	[illegible]	[illegible]	[illegible]	6002	6003	6003	6003	6003	0001	0001	0001	0001	0001	0001
06	6001	6001	6001	6001	6001	6001	[illegible]	[illegible]	[illegible]	[illegible]	[illegible]	[illegible]	[illegible]	[illegible]	[illegible]	[illegible]	6003	6003	6003	6003	6003	0001	0001	0001	0001	0001
07	6001	6001	6001	6001	6001	[illegible]	[illegible]	[illegible]	[illegible]	[illegible]	[illegible]	[illegible]	[illegible]	[illegible]	[illegible]	[illegible]	[illegible]	6003	6003	6003	6003	6003	0001	0001	0001	0001
08	6001	6001	6001	6001	6001	[illegible]	[illegible]	[illegible]	[illegible]	[illegible]	[illegible]	[illegible]	[illegible]	[illegible]	[illegible]	[illegible]	[illegible]	[illegible]	[illegible]	6004	6004	6004	0001	0001	0001	0001
09	6001	6001	6001	6001	6001	[illegible]	[illegible]	[illegible]	[illegible]	[illegible]	[illegible]	[illegible]	[illegible]	[illegible]	[illegible]	[illegible]	[illegible]	[illegible]	[illegible]	6004	6004	6004	0001	0001	0001	0001
10	6001	6001	6001	6001	6001	[illegible]	[illegible]	[illegible]	[illegible]	[illegible]	[illegible]	[illegible]	[illegible]	[illegible]	[illegible]	[illegible]	[illegible]	[illegible]	[illegible]	[illegible]	6004	6004	6004	0001	0001	0001
11	6001	6001	6001	6001	6001	[illegible]	[illegible]	[illegible]	[illegible]	[illegible]	[illegible]	[illegible]	[illegible]	[illegible]	[illegible]	[illegible]	[illegible]	[illegible]	[illegible]	[illegible]	[illegible]	6004	6004	0001	0001	0001
12	6001	6001	6001	6001	6001	6001	[illegible]	[illegible]	[illegible]	[illegible]	[illegible]	[illegible]	[illegible]	[illegible]	[illegible]	[illegible]	[illegible]	[illegible]	[illegible]	[illegible]	[illegible]	6004	6004	0001	0001	0001
13	0004	6001	6001	6001	6001	6001	6001	6002	[illegible]	[illegible]	[illegible]	[illegible]	[illegible]	[illegible]	[illegible]	[illegible]	[illegible]	[illegible]	[illegible]	[illegible]	[illegible]	6004	6004	0002	0001	0001
14	0004	0004	6001	6001	6001	6001	6002	6002	6002	6002	6003	[illegible]	[illegible]	[illegible]	[illegible]	[illegible]	[illegible]	[illegible]	[illegible]	[illegible]	6004	6004	0002	0002	0002	0002
15	0004	0004	0004	6001	6001	6001	6002	6002	6003	6003	6003	6003	6003	6004	6004	[illegible]	6004	[illegible]	6004	6004	6004	6004	0002	0002	0002	0002
16	0004	0004	0004	0004	6001	6001	6002	6002	6003	6003	6003	6003	6003	6004	6004	6004	6004	6004	6004	6004	6004	0002	0002	0002	0002	0002
17	0004	0004	0004	0004	0004	0004	0004	6002	6002	6003	6003	6003	6003	6004	6004	6004	6004	6004	6004	6004	0002	0002	0002	0002	0002	0002
18	0004	0004	0004	0004	0004	0004	0004	0004	0004	0004	6002	6003	6003	6003	6003	6004	6004	6004	0003	0002	0002	0002	0002	0002	0002	0002
19	0004	0004	0004	0004	0004	0004	0004	0004	0004	0004	0004	0004	0004	0004	0003	0003	0003	0003	0003	0003	0002	0002	0002	0002	0002	0002

Rys. 3.6 Obszar oparty na maksymalnym uderzeniu

Można stwierdzić, że źródła obszarowe w największym stopniu przyczyniają się do zanieczyszczenia obszaru bezpośrednio przylegającego do składowiska odpadów przeróbczych. Źródła liniowe w większym stopniu tworzyły zanieczyszczenia na stosunkowo odległych obszarach. Ponadto możliwe jest określenie konkretnych źródeł, które mają największy wpływ na zanieczyszczenie danego obszaru. Na przykład obszar winnic na wschód od składowiska odpadów poflotacyjnych jest najbardziej dotknięty przez źródło

6004. Informacje te pozwalają na ustalenie priorytetów prac w przypadku etapowej likwidacji składowiska odpadów przeróbczych.

Innym zastosowaniem tego modelu jest wykorzystanie jego wyników jako danych wejściowych do modelowania dynamiki rozkładu czasowego izotopów promieniotwórczych. Jest to uzasadnione poprzez powiązanie parametrów średniego rocznego stężenia SL z aktywnością rocznego poboru radionuklidów. Ten ostatni parametr jest jednym z najważniejszych w konstrukcji modelu czasowego.

3.1.1.3. Czasowa dynamika rozkładu izotopów promieniotwórczych w glebie

Jak wspomniano powyżej (2.2.3.2), model dynamiki czasowej rozkładu izotopów promieniotwórczych może być wdrożony przy użyciu pakietu oprogramowania Ecolego. Rysunek 2.2.3. 3.7 przedstawia łańcuch rozpadu głównych izotopów promieniotwórczych określonych w środowisku "Ecolego".

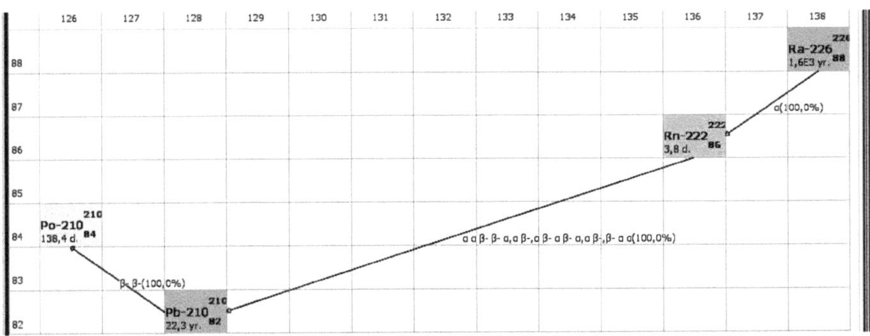

Rys. 3.7 Łańcuch rozpadu elementów radioaktywnych serii Ra-226

Zmiana aktywności izotopów promieniotwórczych w ekosystemie atmosfery - gleba jest opisana systemem równań różniczkowych (2.12, 2.13). Dla numerycznego rozwiązania tego układu równań konieczne jest wyznaczenie wartości szybkości napływu radionuklidów Współczynniki *wejścia i* transportu *TC1 i TC2, a także* ustalenie parametrów pomieszczeń w odniesieniu do tego obiektu. Opiera się na badaniach aktywności glebowej przeprowadzonych w otworze wiertniczym w odległości 200 m na północ od hałdy Digmaiskoye.

Zgodnie z wynikami badań można warunkowo wyróżnić trzy warstwy gleby. Pierwsza z nich to warstwa powierzchniowa o mocy 10 cm. Aktywność tej warstwy jest maksymalna i wynosi około 3 000 Bq/kg. Druga warstwa, podkład, ma moc 20 cm i aktywność około 900 Bq/kg. A trzecia warstwa nieograniczonej mocy ma niemalże wartości aktywności tła. Warstwa ta jest bezpośrednio związana z wodami gruntowymi.

Wielkość poboru dla Ra-226 można określić na podstawie następujących czynników. Okres półtrwania Ra-226 jest bardzo długi i można pominąć jego wpływ na zawartość radu w glebie. Tak więc całkowita aktywność gleb przekraczająca wartości tła jest spowodowana napływem radu podczas efektywnej pracy zwałowiska odpadów pofermentacyjnych. W momencie zatopienia wyrobisk (1993 r.) składowisko odpadów poflotacyjnych było eksploatowane przez około 30 lat. Jednak tryb pracy w tym okresie był inny. Na początku było intensywne napełnianie miski, nie było plaży, opylanie było minimalne. Następnie intensywność opylania wzrosła i osiągnęła swoje maksimum, gdy staw został całkowicie osuszony. W ostatnich latach intensywność zapylania nieznacznie spadła w związku z powstawaniem skorupy ilastej na powierzchni składowiska odpadów przeróbczych. Można z grubsza założyć, że czas efektywnej eksploatacji zwałowiska odpadów przeróbczych w 1993 r. wynosi 20 lat. Specyficzna szybkość poboru radu dla pierwszej warstwy w tym przypadku wynosi 2,4-103 Bq/kg rocznie.

W przypadku izotopów Pb-210, Po-210, szybkość napływu można określić na podstawie ich aktywności w stosunku do radu ustalonego dla zrzutu odpadów z rejonu Digmai [90]. Jest to odpowiednio 3,5-103 i 3,3-103 Bq/kg rocznie.

Wartości te charakteryzują konkretną lokalizację jesiotra. Mapę rozkładu skażeń radioaktywnych na danym obszarze (rys. 3.5) można wykorzystać do określenia wartości prędkości posuwu w dowolnym dowolnym punkcie. Ponieważ istnieje bezpośredni związek pomiędzy zanieczyszczeniem a prędkością wejściową radu, mapa ta może być przekształcona w mapę prędkości wejściowej.

Współczynnik transportu dla pierwszej warstwy przyjmuje się na poziomie 0,1 roku-1 zgodnie z danymi z literatury [99], natomiast dla drugiej warstwy określa się go empirycznie na podstawie porównania aktywności pierwszej i drugiej warstwy. Współczynnik dla drugiej warstwy wynosi 0,2 roku-1, a jego wyższa wartość w porównaniu z pierwszą warstwą wynika z braku frakcji próchnicowej w drugiej warstwie, a w konsekwencji większej przepuszczalności.

W wyniku obliczeń w ramach programu "Ecolego" uzyskano zależności akumulacji nuklidów promieniotwórczych w warstwie powierzchniowej i pościelowej (rys. 3.8).

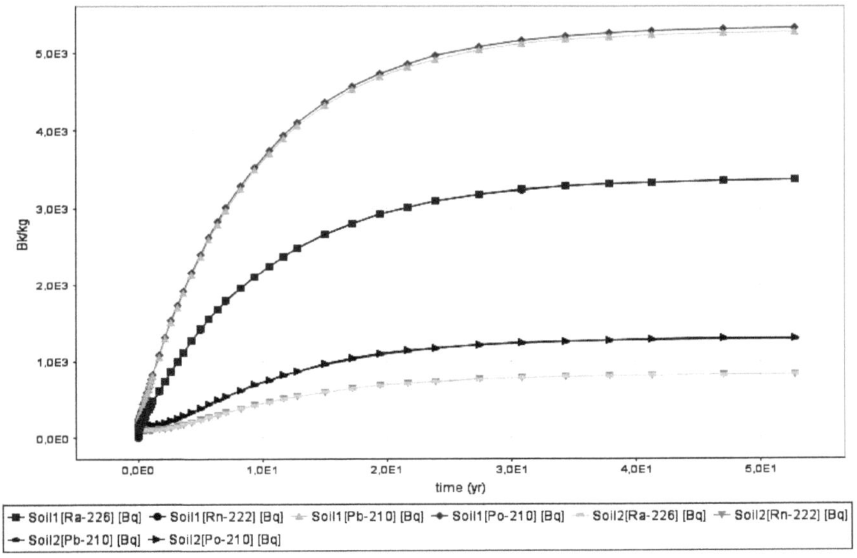

Rys. 3.8 Zmiany w czasie aktywności izotopów promieniotwórczych w glebie na podstawie wyników modelowania

Analizując dane, możemy stwierdzić, że procesy przenoszenia i rozpadu odgrywają inną rolę dla każdego z radionuklidów. Okres półtrwania izotopu Ra-226 wynosi 1602 lata. Naturalnie, w przewidywalnej przyszłości procesy rozkładu nie mogą mieć znaczącego wpływu na stężenie Ra-226 w glebie, a procesy migracyjne odgrywają tu wiodącą rolę. Okres połowicznego rozpadu izotopu radonu Rn-222 wynosi 3,8 dnia, co określa jego zachowanie. Stężenie radonu w pełni zależy od stężenia radonu, Ra-226 i Rn-222 w tym ekosystemie znajdują się w stanie równowagi radioaktywnej, krzywe aktywności tych izotopów na wykresie są zbieżne. Okres półtrwania izotopu Pb-210 wynosi 22,3 roku. Na jego aktywność wpływają zarówno procesy rozkładu, jak i transferu. Krzywe aktywności izotopu Po-210 (okres półtrwania 138,4 dnia) praktycznie pokrywają się z krzywymi Pb-210, co wskazuje na stan zbliżony do równowagi.

Wykres zależności aktywności izotopów w czasie pokazuje dwa przedziały czasowe. Pierwsza, do 20 lat, charakteryzuje się aktywnym gromadzeniem izotopów, zarówno w pierwszej, jak i drugiej warstwie. Wraz z postępującą akumulacją nasilają się procesy rozpadu i przenoszenia, przy stałym tempie pobierania radionuklidów z atmosfery. W konsekwencji tempo akumulacji spada, a ostatecznie akumulacja zostaje praktycznie zatrzymana. Potwierdzają to obserwacje praktyczne. Zgodnie z wynikami badań radiometrycznych obszar rozprzestrzeniania się skażenia promieniotwórczego nie zwiększył się w ostatnich latach, a w niektórych obszarach nastąpiło pewne ograniczenie.

W *czasie* = 35 lat odpowiadającym obecnemu stanowi, obliczony stosunek aktywności nuklidów promieniotwórczych Ra-226/ Pb-210 i Ra-226/ Po-210 wynosi 0,61, co jest praktycznie potwierdzone. Porównanie działań podanych w [90] daje wskaźniki 0,61 dla Pb-210 i 0,58 dla Po-210.

Na Rys. 3.9 przedstawia rozkład skażenia promieniotwórczego z głębokością (zgodnie z Ra-226) uzyskaną z modelowania i rzeczywistych pomiarów. Dane teoretyczne i praktyczne są dość zadowalające.

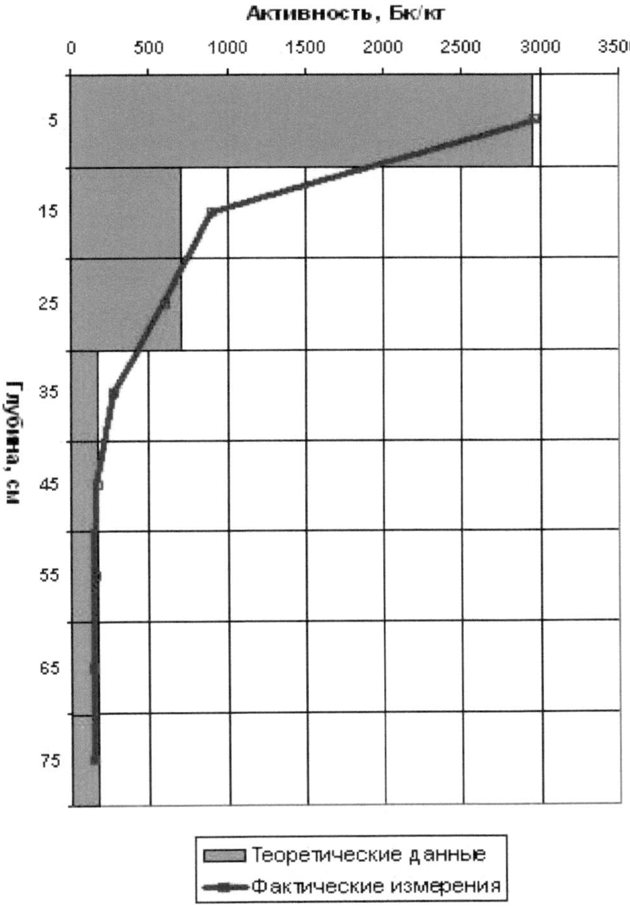

Rys. 3.9. Rozprzestrzenianie się skażenia radioaktywnego z głębokością

W ten sposób wdrożony model rzeczywiście opisuje zachowanie się ekosystemu w warunkach rozprzestrzeniania się skażenia promieniotwórczego i może być wykorzystywany do przewidywania rozwoju sytuacji w różnych scenariuszach.

3.1.2. Mapy zrzutowe konserwacyjne 1-9

3.1.2.1. Migracja atmosferyczna radonu

Modelowanie procesów migracji radonu zostało przeprowadzone analogicznie do 3.1.1.1. Składowisko odpadów przeróbczych ma stosunkowo prosty kształt i może być reprezentowane przez prostokąt o powierzchni 0,18 km2 . Średnią wartość gęstości strumienia radonu uzyskano stosując metody instrumentalne. Zgodnie z tymi danymi obliczono źródłowe moce produkcyjne (tabela 3.4). Charakterystyka klimatyczna została zaczerpnięta z wyników długoterminowych obserwacji najbliższej stacji meteorologicznej "Lotnisko".

Tabela 3.4

Gęstość przepływu i całkowita zdolność uwalniania radonu z powierzchni składowiska odpadów przeróbczych Mapy 1-9

Źródło .	Średnia PRR, Bq/m2s	Powierzchnia źródła S, km2	Moc źródła M, KBK/s
Powierzchnia x-scha	0.5	0.18	90

Podobnie jak w przypadku Digmai Tailings Dump, obliczeń dokonano przy użyciu dwóch modeli: Gaussian i OND-86. Wyniki przedstawione są na rysunkach 3.10, 3.11.

Maksymalne stężenie radonu zgodnie z OND-86 jest osiągane w punkcie o współrzędnych X=3550 m, Y=1950 m. Jest to 0,297 MAC lub 18,4 Bq/m3. Ogólnie rzecz biorąc, powierzchnia zwałowiska charakteryzuje się wartościami EROA od 0,1 do 0,25 MAC (6-15 Bq/m3), powierzchnia przylegająca wynosi 0,1-0,15 MAC (6-9 Bq/m3).

Model Gaussa podaje następujące wartości EROA. Maksymalna wartość wynosi odpowiednio 0,231 MAC lub 14,3 Bq/m3. Na powierzchni zwałowiska odpadów resztkowych wartości ERE wynoszą od 7 do 14 Bq/m3. Na sąsiednim terytorium, zgodnie z modelem, odnotowuje się wartości ERE w tle wynoszące około 5 Bq/m3.

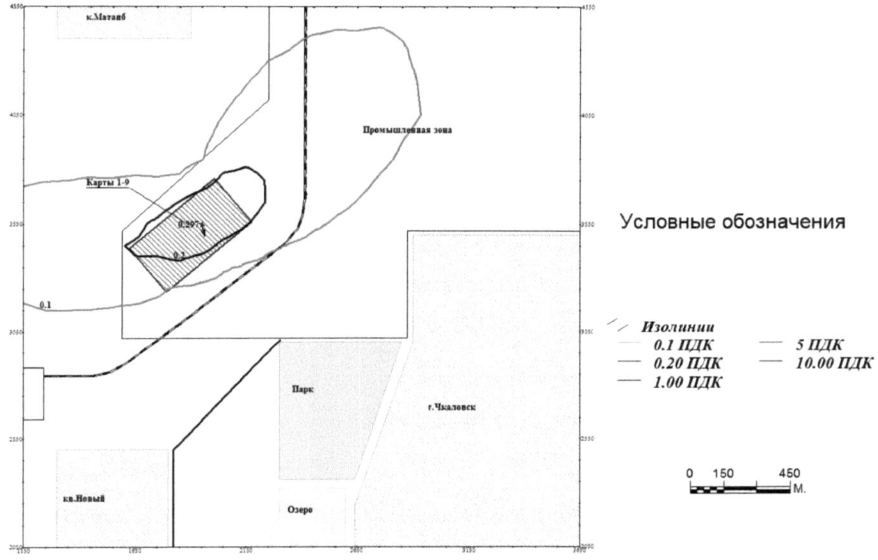

Rys.3.10. Średnie roczne stężenia radonu według modelu OND-86

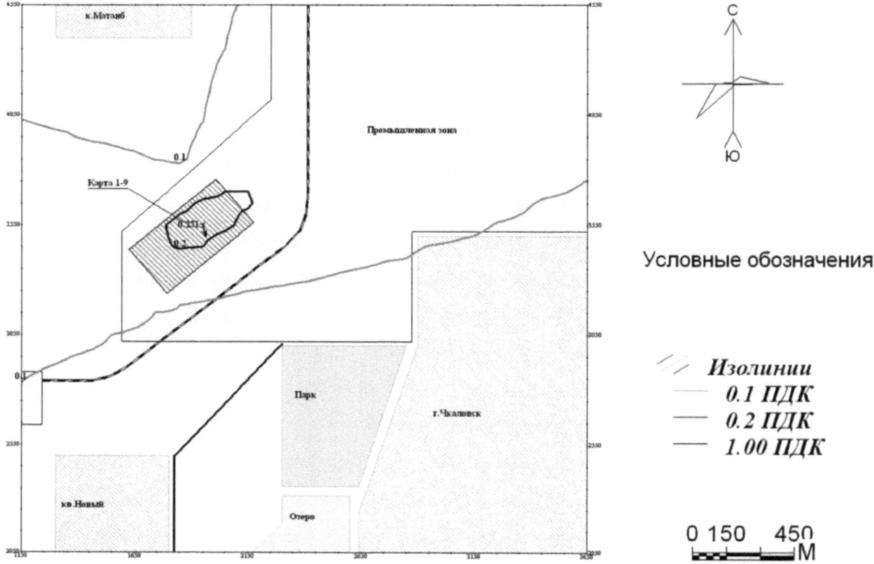

Rys. 3.11 Średnie roczne stężenia radonu według modelu Gaussa

W tabeli 3.5 przedstawiono porównanie radonowej EROA uzyskanej z wyników modelowania z danymi z pomiarów instrumentalnych wykonanych przez urządzenia RRA-01M w pięciu punktach położonych na powierzchni zwałowiska odpadów przeróbczych i na sąsiednim terytorium.

Tabela 3.5

Porównanie wyników pomiarów radonu EROA z danymi obliczeniowymi

№	Średni radon EROA, Bq/m3		
	Rzeczywiste dane	Dane obliczeniowe	
		Model Gaussa	Model OND-86
1	4.6	5.0	5.3
2	7.2	11.0	18.0
3	10.6	7.9	12.6
4	8.4	5.0	8.5
5	4.6	5.0	7.3
Średnia	7.1	6.8	10.3
Odchylenie od średniej		-4%	46%
S		4.3	6.9
V%		64%	67%

Porównując średnie wartości EROA, model Gaussa daje nieco niższe wyniki w porównaniu z danymi pomiarowymi, podczas gdy model OND-86 zawyża te wyniki. Model Gaussa zapewnia jednak znacznie lepsze wskaźniki statystyczne. Wysoka wartość odchylenia modelu OND-86 pokazuje, że obliczone dane nie zgadzają się dobrze z danymi rzeczywistymi.

Model Gaussa na ogół daje realistyczny obraz przestrzenny. Istnieje pewne przecenienie wyników poza zwałowiskiem odpadów resztkowych. Jednak w tym przypadku model Gaussa należy uznać za bardziej korzystny.

3.1.2.2. Modelowanie zanieczyszczenia obszaru przyległego produkty rozkładu radonu

Model rozmieszczenia izotopów promieniotwórczych opracowany dla Digmai Tailings Dumpings i wdrożony w środowisku "Ecolego" został wykorzystany jako podstawa do modelowania skażeń produktami rozpadu radonu. Proponowany model został zmodyfikowany zgodnie z warunkami tego zwałowiska [101]. W przeciwieństwie do składowiska Digmai, składowisko odpadów poubojowych na Mapie 1-9 posiada warstwę ochronną, która wyklucza pył. Napływ radionuklidów do gleby jest zatem możliwy tylko jako produkt uboczny rozpadu radonu.

Rozpad radonu następuje w następującym łańcuchu (rys. 3.12):

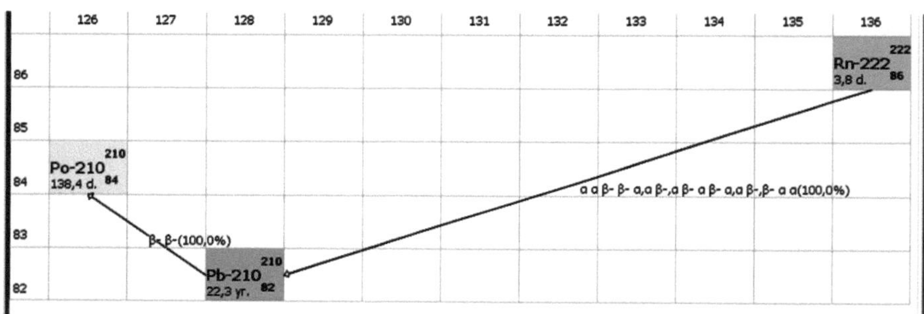

Rys. 3.12 Łańcuch rozkładu Rn-222 → Pb-210 → Po-210

Radon jest odbierany z powodu jego migracji atmosferycznej z powierzchni składowiska odpadów przeróbczych. Okres półdniowego rozkładu Rn-222 wynosi 3,8 dnia. W wyniku rozkładu powstają Pb-210 i Po-210 o okresie półtrwania wynoszącym odpowiednio 22 lata i 138 dni. Produkty rozkładu w postaci aerozoli osadzają się na powierzchni gleby. Nagromadzenie radionuklidów w warstwie wierzchniej jest spowodowane procesami ich wchodzenia z atmosfery oraz procesami rozkładu i spływu do głębokich warstw. W tym przypadku matryca interakcji w interfejsie "Ecolego" może być przedstawiona w następującej formie (Rys. 3.13).

Rysunek 3.13 Matryca interakcji elementów ekosystemu

W tej matrycy, atmosfera odgrywa rolę źródła (Źródło). Napływ radionuklidów z atmosfery wejściowej jest określony w jednostce transferowej TF1. Comp1 opisuje proces akumulacji, biorąc pod uwagę, że rozpad nuklidów promieniotwórczych jest automatycznie uwzględniany. Parametr przepływu ustawiany jest w jednostce transferowej TF2.

Specyficzny roczny pobór radonu dla obszaru przylegającego do składowiska odpadów przeróbczych można oszacować na podstawie analizy rozkładu stężenia w podziale na obszary i całkowitego uwalniania radonu do atmosfery z obszaru składowiska odpadów przeróbczych. Dla zrzutu odpadów poprzeróbczych Mapy 1-9, całkowite uwalnianie radonu wynosi 90 KBq/s lub 2,8-103 KBq/rok. Wartość ta odpowiada rocznemu poborowi radonu dla przyległego obszaru od 2-103 do 5-103 KBq/m2. Przyjmuje się, że parametr przepływu jest taki sam dla Digmai Tailings Dump, 0,1 roku-1.

Po przetworzeniu danych przez kompleks oprogramowania uzyskuje się wyniki przedstawione na rys. 2. 3.14.

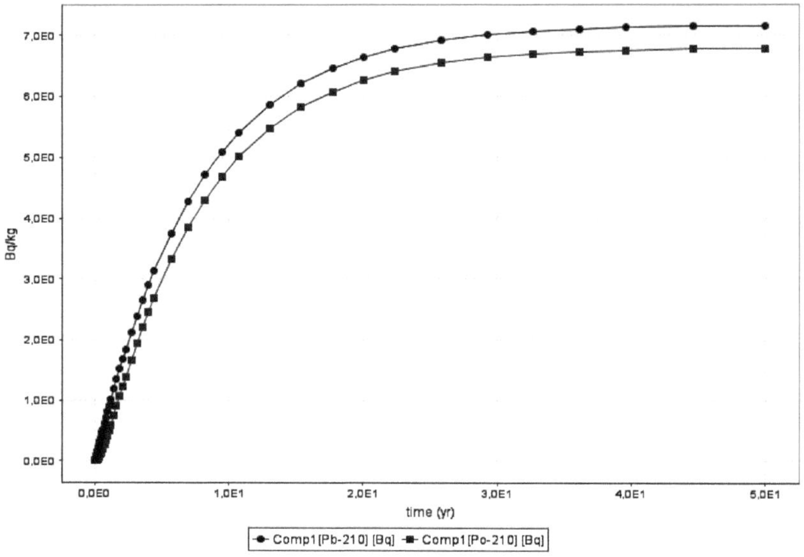

Rys. 3.14. Aktywność produktów rozkładu radonu Rn-222 w górnej warstwie gleby

Analiza zależności aktywności od czasu wskazuje, że po 30-40 latach następuje nasycenie warstwy na skutek wzajemnej kompensacji procesu wejścia przez procesy rozpadu i spływu. Maksymalna aktywność izotopów Pb-210, Po-210 w przedziale czasowym nie może przekroczyć 6,8 - 7,2 Bq/kg. Zgodnie z "Normą bezpieczeństwa promieniowania (NRB-06)" [85] minimalna istotna aktywność właściwa tych izotopów wynosi 10 Bq/kg w warunkach równowagi.

Na tej podstawie można stwierdzić, że procesy migracji radonu z powierzchni tego składowiska odpadów promieniotwórczych w atmosferze nie mogą być uznane za znacząco wpływające na rozprzestrzenianie się skażenia promieniotwórczego na sąsiednim terytorium.

3.1.3. Zakopane wysypisko śmieci ogonowej w mieście Gafurov

3.1.3.1. Migracja atmosferyczna radonu

Problem uwalniania się radonu z powierzchni zwałowiska był bardzo pilny w całym okresie eksploatacji, aż do jego całkowitej likwidacji w latach 1991-95. Okres ten obejmuje rozpoczęcie badań w zakresie modelowania procesów migracji radonu w atmosferze [102]. Obliczenia zostały wykonane na modelu OND-86 za pomocą kompleksu programu "Powietrze" z wbudowanym programem "Garant".

W obliczeniach wykorzystano tryb maksymalnego stężenia, aby zapewnić, że stężenie radonu nie zostanie przekroczone w żadnych warunkach pogodowych. Na Rys. 3.15 przedstawia wyniki obliczeń stężeń powierzchniowych radonu emitowanego przez odpady promieniotwórcze ze składowiska odpadów przeróbczych w Swierdłowsku. Gafurov. Należy zauważyć, że wartości izokoncentracji są podawane bez uwzględniania wartości tła.

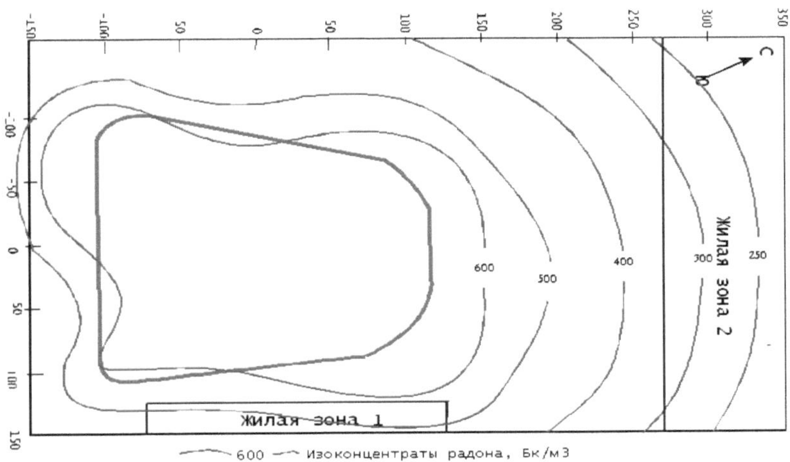

Rys. 3.15 Stężenie radonu w pobliżu składowiska odpadów przeróbczych przed konserwacją

Jak widać na powyższym schemacie, w strefie wpływu zwałowiska odpadów poflotacyjnych znajdują się dwie strefy mieszkalne. W strefie 1 znajdują się istniejące budynki mieszkalne. Strefa 2 składa się z kilkukondygnacyjnych budynków będących w tym czasie w budowie. Obliczenia wykonywane przez program "Gwarant" są wykonywane dla niekorzystnych warunków atmosferycznych. Tak więc, w niekorzystnych warunkach, stężenie radonu w pomieszczeniach pierwszej strefy mieszkaniowej może osiągnąć 600 Bq/m3, a w pomieszczeniach drugiej strefy mieszkaniowej 200-250 Bq/m3, co znacznie przekracza wartości normatywne. Przy obliczaniu istniejących w tym czasie norm Federacji Rosyjskiej, określających dopuszczalne stężenia radonu w istniejących obiektach - 200 Bq / m3, w nowo wybudowanych - 100 Bq / m3. Pokazano więc potencjalne niebezpieczeństwo zrzutu ogona jako potężnego źródła radonu.

Po konserwacji sytuacja radiacyjna w rejonie zwałowiska została znormalizowana, a emisja radonu nie przekroczyła ustalonych norm. Rys. 3.16 przedstawia obliczony rozkład stężenia radonu na obecnym etapie. W obliczeniach wykorzystano model Gaussa. Parametry początkowe zrzutu pozostałości podano w tabeli 3.6.

Tabela 3.6

Gęstość przepływu i całkowita zdolność uwalniania radonu z powierzchni składowiska odpadów przeróbczych Gafurowa

Źródło .	Średnia PRR, Bq/m2s	Powierzchnia źródła S, km2	Moc źródła M, KBK/s
Powierzchnia x-scha	0.1	0.043	4.30

Rysunek 3.16 pokazuje, że w chwili obecnej nie ma znaczącego wpływu zrzutu odpadów przeróbczych na sytuację radonową w okolicy. Szacowane stężenie radonu waha się od 0,06 do 0,07 MAC (4-5 Bq/m3), co odpowiada naturalnemu tłustemu obszaru.

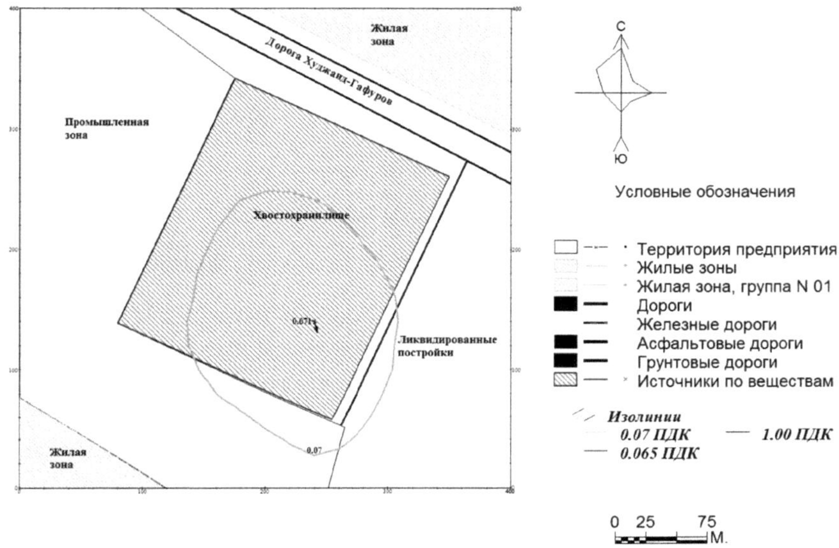

Rys. 3.16. Stężenie radonu w pobliżu wysypiska śmieci w mieście Taiga. Gafurov

(aktualny stan)

3.2. Prognoza sytuacji w zakresie promieniowania i ocena zagrożeń dla środowiska naturalnego na składowiskach odpadów przeróbczych

3.2.1. Tailing Dump Maps 1-9

3.2.1.1. Recykling materiału z wysypiska odpadów przeróbczych

Obecnie, ze względu na zmiany warunków rynkowych, recykling materiału z wysypisk odpadów przeróbczych w celu odzyskania pozostałego w nich uranu staje się ekonomicznie opłacalny. W tym przypadku recykling można uznać za jeden z etapów rekultywacji istniejących składowisk odpadów przeróbczych i składowisk. Jeśli zadanie zostanie pomyślnie rozwiązane, powtórne przetwarzanie będzie stanowić dodatkowe źródło finansowania prac rekultywacyjnych, których koszty powinny być uwzględnione w kosztach produktu końcowego - tlenku uranu.

Główne problemy związane z obciążeniem środowiska naturalnego podczas recyklingu wynikają z wysokiej radioaktywności odpadów. Jest to spowodowane zwiększoną zawartością radu i przesunięciem współczynnika równowagi radioaktywnej (RR) charakteryzującego stosunek radu i uranu do radu. Wartość $Kp_{.p.}$ dla składowisk odpadów poflotacyjnych w regionie waha się od 2.6 do 5.5, a dla Mapy 1-9 maksymalna wartość wynosi 5.5 [103].

W związku z tym należy się spodziewać następujących czynników niebezpiecznych i szkodliwych:

- wysokie wartości tła gamma;

- gwałtowny wzrost wartości gęstości strumienia radonu (FDP);

- wysoka efektywna równowaga aktywności objętościowej

radon (EROA);

- Pylenie na otwartej powierzchni i rozpraszanie pyłu radioaktywnego przez wiatr

podczas załadunku i transportu odpadów.

Należy zauważyć, że wysokie wartości tła promieniowania gamma będą miały miejsce w całym łańcuchu technologicznym przetwarzania odpadów, aż do ich usunięcia i zakopania. Dlatego szczególną uwagę należy zwrócić na kontrolę dozymetryczną personelu zaangażowanego w te prace.

W oparciu o te założenia wybrano następujący model segregacji odpadów oraz oceny ładunku promieniowania na środowisko i personel.

1. Rozbiórkę przeprowadza się na ograniczonych obszarach powierzchni zrzutu odpadów przeróbczych. Zalecana wielkość stanowisk nie powinna przekraczać 40 x 40 m. Otwieranie odbywa się warstwowo.

2. Przed rozpoczęciem prac związanych z usuwaniem materiału promieniotwórczego dokonuje się pomiarów tła promieniowania gamma, gęstości EPOA i strumienia radonu, zapylenia powietrza na powierzchni usuwanego materiału oraz punktów kontrolnych znajdujących się bezpośrednio na terenie składowiska odpadów przeróbczych w odległości 30, 50, 100 m od granic terenu i w odległości 30 - 40 m poza terenem składowiska.

3. W procesie otwierania, takie parametry jak tło gamma, efektywna aktywność objętościowa równowagi i gęstość strumienia radonu, zapylenie powietrza są stale monitorowane.

4. Tło gamma i EPO radonu są monitorowane na stanowiskach pracy personelu zatrudnionego w zakładzie, co jest niezbędne do organizacji i utrzymania kontroli dozymetrycznej.

W początkowej fazie tworzenia kamieniołomu przeprowadzono wstępne badania odpadów (tabela 3.7).

Tabela 3.7

Charakterystyka radiacyjna kamieniołomu składowiska odpadów przeróbczych Mapa 1-9

w/w	Charakterystyka warstwowa		Gamma-phone, mcr/hour	OA, Bq/m3	PPR, Bq/m2s
	materiał	głębokość, m			
1	Żwir i kamyczki z zupą.	0.8	150-200	198	3,63
2	Żwir i kamyczki z zupą.	1.0	190-200	118	4,2
3	Red Soup	1.2	280-320	440	31,2
4	Red Soup	1.4	250-320	409	31,8
5	Red Soup	1.6	260-380	550	42,6
6	Red Soup	3.0	540-550	560	43,4
7	Tworzywo gliniane żółte	4.0	2210	742	52,6
8	Tworzywo gliniane żółte	5.0	2460	993	60,8

Wyniki badania wykorzystano jako dane wejściowe do obliczenia ładunku dawek dla personelu i populacji [104].

Maksymalne dopuszczalne stężenia substancji promieniotwórczych w powietrzu oddechowym określa się na podstawie wartości granicznych narażenia ustalonych przez NRB-06.

Tabela 3.8

Główne dawki graniczne

Wartość normalizowana	Limity dawek	
	Personel (grupa A)	Ludność
Dawka skuteczna	20 mSv rocznie średnio przez dowolne kolejne 5 lat, ale nie więcej niż 50 mSv rocznie	1 mSv rocznie średnio przez dowolne kolejne 5 lat, ale nie więcej niż 5 mSv rocznie

Uwaga:

* Podstawowe dawki graniczne, podobnie jak wszystkie inne dopuszczalne poziomy narażenia dla personelu grupy B, wynoszą 1/4 wartości dla personelu grupy A.

Zgodnie z metodologią SP 2.6.1.798-99 [105] roczna dawka skuteczna dla pracowników organizacji (Dnp) jest równa sumie dawki zewnętrznej (Dγ) i dawki wewnętrznej wynikającej z wdychania długożyciowych naturalnych nuklidów promieniotwórczych z pyłem produkcyjnym (Ddol) oraz wdychania krótkożyciowych filii produktów izotopowych radonu (DRn):

$$Dnp = D\gamma + Doll + DRn$$

Metoda ta reguluje procedurę określania każdego składnika rocznej dawki skutecznej. W tym przypadku rozwiązany jest odwrotny problem, obliczane są dopuszczalne poziomy narażenia jednoczynnikowego, które pochodzą z głównych dawek granicznych. Wartości obliczane są dla specyficznych warunków operacji zrzutu odpadów przeróbczych (czas operacji produkcyjnych t_i = 1750 h/rok, specyficzna aktywność frakcji pyłu *Ai = 1050* Bq/kg).

Tabela 3.9

Średnie roczne wartości graniczne współczynników promieniowania przy otwarciu zrzutu odpadów promieniotwórczych Mapa 1-9.

Wartości znormalizowane	Limit dawki		
	5-20 mSv/rok (grupa A)	1-5 mSv/rok (grupa B)	< 1 mSv/a (ludność)
Dawka pochłonięta, μR/h	400-1630	80-400	<80
EROARn w powietrzu strefy oddychania, Bq/m3	350-1400	70-350	<70
Średnia roczna całkowita zawartość pyłu lotniczego w przestrzeni oddechowej, mg/m3	43.5-174	8.7-43.5	<8.7

W przypadku efektów wieloczynnikowych musi być spełniony następujący warunek: suma współczynników oddziaływania do wartości podanych powyżej nie może przekraczać 1.

Wyróżnia się dwa źródła skażenia: sam korpus zrzutu odpadów przeróbczych, który jest źródłem zwiększonego uwalniania radonu, oraz otwarte wyrobisko, w którym następuje intensywne uwalnianie zarówno radonu, jak i pyłu radioaktywnego. Moc źródeł promieniowania radonowego jest obliczana jako iloczyn średniej PROW na powierzchnię źródła.

Tabela 3.10

Parametry źródła radonu

Źródło .	Średnia PRR, Bq/m2s	Powierzchnia źródła to S, m2.	Moc źródła M, KBK/s
Powierzchnia x-scha	0.5	180 000	90
Strona kariery zawodowej	30	1 600	48

Uwalnianie się pyłu radioaktywnego do atmosfery następuje głównie podczas załadunku materiału. Szybkość uwalniania się pyłu podczas operacji załadunku można określić za pomocą standardowych metod obliczeniowych [106]. Zgodnie z tą metodologią dla tego typu operacji przyjmuje się wskaźnik uwalniania 1,33 g/kg. Przy średnim obciążeniu projektowym wynoszącym 40 t/dobę, natężenie emisji wyniesie 0,6 g/s. Metodologia ta podaje maksymalną wielkość emisji w najbardziej niekorzystnych warunkach, które by to sugerowały:

- podczas załadunku i transportu na terenie zakładu są łączone w jedno źródło (maksymalny efekt sumowania);
- Prace prowadzone są przy braku opadów (maksymalna roczna emisja).

Na podstawie tych parametrów wykonano obliczenia prognozowanych wartości ładunków dawek na obszarze zwałowiska odpadów przerębowych i przyległym terenie.

Zgodnie z metodologią MAEA [107], na pierwszym etapie wykonano obliczenia przesiewowe dawki, przy czym stężenie radonu i pyłu produkcyjnego określa się za pomocą wzoru:

$$C_A = \frac{P_p Q_i}{V}$$

gdzie C_A jest stężeniem substancji w atmosferze powierzchniowej, Bq/m3 (mg/m3);

Qi - średnia moc wyjściowa, Bq/s (mg/s);

V - objętościowy strumień powietrza, m3/s;

Pp jest współczynnikiem czasowym kierunku wiatru, bezwymiarowym (przyjętym jako równy 0,25 [107]).

Obliczenia przesiewowe są bardzo przybliżone i dostarczają wstępnego oszacowania maksymalnej ekspozycji.

Tabela 3.11

Przesiewowe wartości dawek

Współczynnik promieniowania	Wartość ekranowania	Dawka, mSv/rok
ZAGROŻENIE w powietrzu strefy oddechowej,	27000 Bq/m3	390
Średnia roczna całkowita zawartość pyłu w powietrzu w strefie oddychania,	143 mg/m3	16

Wyniki pokazują, że przesiewowa ocena dawki znacznie przekracza wartości ustalone dla personelu i populacji. W związku z tym, zgodnie z [107], potrzebne są dodatkowe obliczenia przy użyciu dokładniejszych modeli.

Tabela 3.12 przedstawia wyniki szczegółowych obliczeń. Dawka wewnętrzna została oszacowana przy użyciu modeli Gaussa i OND-86. Moc promieniowania gamma charakteryzująca ekspozycję zewnętrzną została uzyskana poprzez pomiary w trakcie lotu pilotażowego.

Analiza danych wykazuje, że roczna dawka w obrębie stanowiska przeładunkowego nie przekracza wartości granicznej ustalonej dla grupy A (20 mSv/rok), ale może przekroczyć próg 5 mSv/rok dla personelu grupy B. Główne składniki tworzące dawkę w tym przypadku to promieniowanie gamma (75%) oraz radon EPO (23%).

Tabela 3.12

Szacunkowe wartości ładunku dawek dla personelu i populacji

Współczynnik promieniowania	Lokalizacja punktów kontrolnych							
	Załadunek Strona			Granica strefy ochrony sanitarnej (SPZ)			Granica obszaru mieszkalnego	
	Model Gaussa	OND-86	Depozyt Doso %	Model Gaussa	OND-86	Depozyt Doso %	Model Gaussa	OND-86
Dawka pochłonięta, μR/h	315	315	75	20	20	7	15	15
EROARn, Bq/m3	133	56	23	62	46	90	7.11	6.51
Pył powietrza, mg/m3	0.67	0.38	2	0.41	0.1	3	0.01	0.02
Dawka roczna, mSv/rok	5.6	4.5	100	0.9	0.6	100	0.0	0.0

Wartość dawki na granicy SPZ nie przekracza 1 mSv/rok, a głównym współczynnikiem dawki (90%) jest radon.

Na granicy strefy zamieszkania odnotowuje się wartości tła czynników promieniowania, co wskazuje na brak wpływu tej produkcji na ludność.

Z tabeli 3.12 wynika, że pylenie nie jest wiodącym czynnikiem promieniowania. Konieczne jest jednak uwzględnienie standardów higienicznych, które określają maksymalne dopuszczalne stężenie pyłu w pomieszczeniach mieszkalnych i roboczych. Ponadto emisje z pojazdów i mechanizmów wykorzystywanych w produkcji mają negatywny wpływ na środowisko naturalne. Procesy te muszą zostać uwzględnione w celu dokonania całościowej oceny wpływu.

Porównanie wartości rocznej dawki z modeli Gaussa i OND-86 pokazuje, że dają one podobne wyniki. W celu weryfikacji modeli wykonano pomiary sprzętowe stężenia radonu w czasie jazdy pilotażowej. Wyniki porównania danych praktycznych i teoretycznych zostały przedstawione w tabeli 3.13.

Tabela 3.13

Stężenia EPOA radonu w punktach kontrolnych

Punkty kontrolne	Zmierzone wartości, Bq/m3	Obliczenia według modelu Gaussa, Bq/m3	Obliczenia w oparciu o model OND-86, Bq/m3
Załadunek Strona	110	133	56
Granica północno-zachodnia	20	62	46
Granica obszaru mieszkalnego	5	5	5
Średni kwadrat odchylenia, Bq/m3		21	29

Jak widać, model Gaussa wykazuje nieco lepsze dopasowanie do wyników pomiarów. Ponadto wyższe wartości obliczonych dawek, w porównaniu z rzeczywistymi pomiarami, potwierdzają tezę o właściwym dla metody czynniku konserwatyzmu. W tym przypadku fakt ten gwarantuje zgodność z ustalonymi normami i z góry określa przewagę modelu Gaussa w określonych warunkach.

Na Rys. 3.17 przedstawia wyniki obliczeń powierzchniowego rozkładu średnich rocznych dawek ładunku. Do obliczeń wykorzystano pakiet oprogramowania Logos Plus PC "ERA". Wyniki przedstawiono w postaci izolin we frakcjach MAC odpowiadających ładunkowi dawki 1 mSv/rok. Podświetlany jest również punkt, w którym dawka osiąga wartość maksymalną.

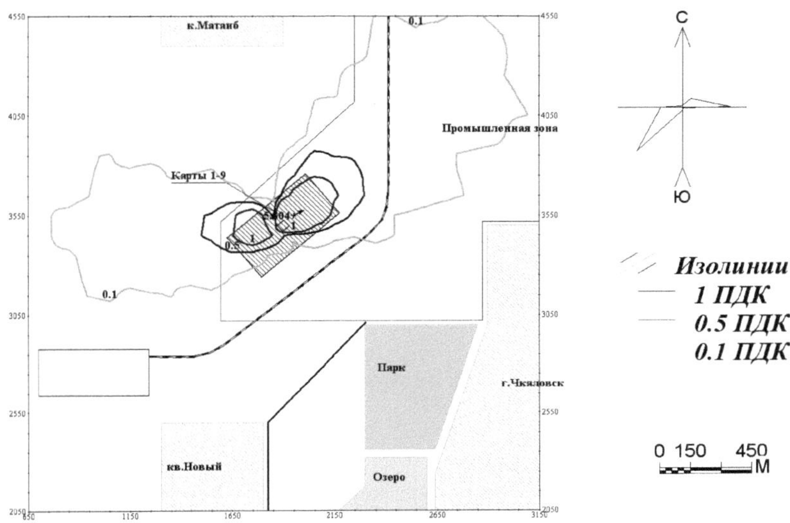

Rys.3.17. Obliczona mapa obciążenia dawki, udziały MPC.

Róża wiatrów dla tego miejsca ma ostro asymetryczny kształt. Ponad 70% wiatrów to wiatr wschodni i południowo-zachodni. Prowadzi to do wydłużenia się obszaru o podwyższonych stężeniach odpowiednio w kierunku zachodnim i północno-wschodnim.

Wyniki badań pokazują, że w obrębie strefy mieszkaniowej nie ma wpływu tej produkcji na ludność. Strefa dopuszczalnych obciążeń dla personelu kategorii B ma postać nieregularnej owalnej figury rozciągniętej w dwóch kierunkach zgodnie z panującymi kierunkami wiatru, której wielkość wynosi około 300 na 500 m. Obciążenia dawek w tej strefie wahają się od 1-5 mSv/rok. Bezpośredni obszar roboczy dla personelu kategorii A charakteryzuje się maksymalnym obciążeniem dawką 5,6 mSv/rok, która nie przekracza dopuszczalnej dla tej kategorii dawki 20 mSv/rok.

W ten sposób ustalono, że nawet w najbardziej pesymistycznym scenariuszu, ładunki dawek dla populacji i personelu nie przekroczą maksymalnych dopuszczalnych wartości. Niemniej jednak zaleca się podjęcie szeregu środków technicznych i organizacyjnych w celu zmniejszenia dawki. Zaleca się stosowanie półmasek przeciwpyłowych jako środka technicznego chroniącego personel przed wewnętrznym narażeniem na pył przemysłowy i radonowe aerozole DPR. Jako środek organizacyjny mający na celu zmniejszenie ekspozycji zewnętrznej, można zalecić planowaną rotację personelu bezpośrednio zaangażowanego w operacje załadunku. Ponadto należy przestrzegać reżimu, który wyklucza osoby nieupoważnione z odwiedzania obiektu. W tym celu na granicy strefy przemysłowej, zwłaszcza w kierunku zachodnim i północno-zachodnim, powinny być umieszczone znaki ostrzegawcze.

3.2.1.2. Pochówek na wysypisku śmieci

Po zakończeniu recyklingu wysypisko śmieci należy zakopać zgodnie z JV LKP-91. Utylizacja polega na pokryciu wysypiska odpadów przeróbczych neutralnym gruntem, eliminując wpływ potencjalnie niebezpiecznych czynników promieniowania, takich jak zewnętrzna moc promieniowania gamma, zapylenie otwartej powierzchni wysypiska odpadów przeróbczych, zwiększone uwalnianie radonu. Z ekonomicznego punktu widzenia należy określić minimalną władzę obejmującą, która spełnia wymogi rozporządzeń sanitarnych.

W pracy [108] przedstawiono wyniki eksperymentalnego modelowania wydajności warstwy konserwującej w zależności od jej mocy i rozkładu wielkości cząstek. W eksperymencie tym odpady radioaktywne zostały pokryte warstwami gruntu neutralnego charakterystycznymi dla tego obszaru. Warstwa radioaktywna była odpadem z eksploatowanego składowiska odpadów wydobywczych Digmai (tabela 3.14).

Tabela 3.14

Promieniowanie warstw po warstwach charakterystyczne dla modeli

№ w/w	Charakterystyka warstwowa		Model I Klasa 50÷25 mm		Model II Klasa 25÷10 mm		Model III Klasa < 10 mm	
	Materiał	Władza, uh...	PPR Bq/m2s	γ- tło mikrometr na godzinę	PPR Bq/m2s	γ- tło mikrometr na godzinę	PPR Bq/m2s	γ- tło mikrometr na godzinę
1	Aktywny materiał	0.20	8.5±4.1	360-370	8.4±4.6	355-360	8.5±4.4	360-365
2	Neutralny. Warstwa	0.20	5.0±3.7	65-70	3.5±2.2	47-50	1.8±2.4	35-40
3	-//-	0.20	3.4±2.1	35-40	2.7±2.7	25-30	0.7±1.2	20-25
4	-//-	0.20	1.8±0.7	15-20	1.3±0.7	15-20	0.1±0.8	15-20

Minimalna moc warstwy jest wystarczająca do tłumienia pyłu, a rozkład wielkości cząsteczek nie jest znaczący. Intensywność promieni gamma zależy zarówno od mocy warstwy, jak i od rozkładu wielkości cząstek. Jak wynika z tabeli 3.14, zdolność absorpcyjna wzrasta wraz ze zmniejszaniem się wielkości frakcji. Natężenie promieniowania gamma na powierzchni neutralnej warstwy gruntu pokrywającej warstwę emitującą jest opisane w równaniu [109].

$P\gamma = P\gamma 0\ E2(\mu d)$, gdzie:

$P\gamma$ - moc promieniowania gamma na powierzchni warstwy pokrywającej;

$P\gamma 0$- moc promieniowania gamma na powierzchni warstwy aktywnej;

$E2(x)$ - Funkcja King;

μ to liniowo efektywny współczynnik tłumienia promieniowania gamma;

d - moc powlekania.

Funkcja King - funkcja tabelaryczna integral-show - jest określona wartością argumentu (x) w tabeli [109]. Współczynnik tłumienia μ określany jest na podstawie danych modelowych.

$E2(x) = P\gamma / P\gamma 0$

$\mu = x/d$

Obliczenia uwzględniają tło naturalne, które w tym przypadku wynosi 15-18 mcR/h.

Minimalna moc warstwy konserwującej jest określona przez początkowe natężenie promieni gamma i znormalizowane natężenie po usunięciu.

$D = x / \mu$

Początkowe natężenie $P\gamma 0$ na podstawie wyników wstępnych badań odpadów wynosi około 1 000 μR/h. Intensywność po usunięciu $P\gamma$, zgodnie z LCP-91 JV, nie powinna przekraczać 20 μR/h powyżej naturalnego tła.

Wyniki obliczeń mocy warstwy ekranującej wymaganej do pochłaniania promieniowania gamma przedstawiono w tabeli 3.15.

Tabela 3.15

Obliczanie mocy warstwy dla zrzutu pozostałości Mapy 1-9 według parametru natężenia promieniowania gamma

Parametr	Klasa 50÷25 mm	Klasa 25÷10 mm	Klasa < 10 mm
Parametry modelu			
Wartość funkcji króla	0.06	0.034	0.02
Wartość argumentu x = μ d	1.25	2.0	2.5
Skuteczny współczynnik tłumienia μ, cm-1	0.043	0.052	0.062
Parametry obliczeniowe			
Wartość funkcji króla	0.02	0.02	0.02
Wartość argumentu x = μ d	2.5	2.5	2.5
Minimalna pojemność warstwy konserwującej, m.	0.58	0.48	0.40

Istnieje wyraźna zależność minimalnej wymaganej mocy od składu frakcyjnego. Jednak dla wszystkich frakcji wystarczy warstwa 0,6 m, aby zmniejszyć intensywność do poziomu zbliżonego do tła.

Sytuacja gęstości powierzchni radonu (SSD) wymaga dodatkowej analizy. Jak widać, ODP zależy od mocy warstwy, a zależność ta jest znacząco różna dla różnych frakcji. Radon należy do klasy gazów szlachetnych. Nie wchodzi w żadne znaczące reakcje chemiczne z pierwiastkami warstwy pokryciowej. Spadek jego aktywności można więc wytłumaczyć wyłącznie rozpadem radioaktywnym podczas migracji. Zgodnie z prawem o rozpadzie radioaktywnym [110, 111], aktywność po czasie t jest określana poprzez wyrażenie:

A=A0-2-t/T, gdzie

A0 jest aktywnością początkową;

T - okres półtrwania elementu radioaktywnego (dla ^{226Rn} T=3,8235 dni).

z tego miejsca można obliczyć czas i prędkość migracji.

t=-T-ln(A/A0)/ln2

V=d/t, gdzie

d - moc warstwy

V - wskaźnik migracji

W tym wyrażeniu wskaźnik aktywności (A/A0) może być zastąpiony stosunkiem początkowych i końcowych gęstości strumienia radonu, ponieważ wartości te są połączone bezpośrednią zależnością.

Aby obliczyć pojemność warstwy konserwującej, konieczne jest określenie minimalnego czasu wymaganego dla rozpadu radonu do stężenia gwarantującego zgodność z normami SP LCP-91. Jako początkowy ODP przyjmuje się średnią gęstość strumienia wynoszącą 30 Bq/m2s uzyskaną podczas pilotażowych badań odpadów (tabela 3.10). Ostateczna gęstość przepływu regulowana jest przez SP LCP-91 i nie może przekraczać 0,1 Bq/m2s. W oparciu o te warunki minimalny czas tmin = 31,5 dnia. Minimalna moc warstwy jest zdefiniowana jako:

d =V tmin

W tabeli 3.16 przedstawiono wyniki obliczeń minimalnej wymaganej pojemności warstwy konserwującej w zależności od rozkładu wielkości cząstek w podłożu obojętnym.

Tabela 3.16

Minimalna pojemność warstwy ocynowanej na składowisko odpadów przeróbczych

Mapy 1-9 dotyczące parametru emisji radonu

Parametr	Klasa 50÷25 mm	Klasa 25÷10 mm	Klasa < 10 mm
Czas migracji modelu (moc M=0,6 m), dzień.	8.6	10.4	24.5
Efektywne tempo migracji, m/dzień.	0.070	0.058	0.024
Minimalna pojemność warstwy konserwującej, m.	2.2	1.8	0.8

Jak wynika z tabeli, gleby o mniejszych frakcjach mają największy efekt osłonowy.

Porównując wyniki z tabel 3.15 i 3.16, można stwierdzić, że dla zrzutu odpadów poprzeróbczych na Mapie 1-9 głównym czynnikiem determinującym pojemność warstwy puszkowej jest gęstość strumienia radonu.

Zgodnie z obliczeniami należy określić takie parametry, jak natężenie promieniowania gamma, gęstość strumienia radonu i skład frakcyjny gleby wierzchniej po zakończeniu zwałowania materiału przeróbczego. Podczas konserwacji należy również prowadzić regularny monitoring parametrów promieniowania. Pozwoli to na optymalizację kosztów prac rekultywacyjnych.

3.2.2. Digmai Tailings Dumping

3.2.2.1. Dalsze wykorzystanie składowiska odpadów resztkowych

Obecnie składowisko odpadów przeróbczych Digmai jest w 82% pełne i może być wykorzystywane w przyszłości. Wykorzystanie składowiska odpadów przeróbczych związane jest z planami recyklingu materiału składowiska odpadów przeróbczych Mapa 1-9. Odpady stałe mają być składowane na miejscu, a faza ciekła będzie transportowana do składowiska odpadów przeróbczych Digmai rurociągiem asenizacyjnym. Recykling potrwa do jednego roku.

Unieszkodliwianie odpadów płynnych spowoduje pewne zmiany w środowisku promieniowania w pobliżu składowiska odpadów przeróbczych. Oznaka tych zmian (pozytywnych lub negatywnych) zależy od kilku czynników. Na części powierzchni tworzy się staw, który zapobiega pyleniu powierzchni. Z drugiej strony wznowione zostanie opylanie terenu plaży, trwale płukanego roztworami o podwyższonym stężeniu radu. Strefa ta jest bardziej odpowiedzialna za odległe obszary obszaru zanieczyszczenia. Jeśli jednak weźmiemy pod uwagę te zmiany w trybie czasowym, należy zauważyć, że okres jednego roku nie jest tak istotny w porównaniu z czasem powstawania zanieczyszczeń w ogóle. Tabela 3.17 przedstawia wynik modelowania sytuacji po zakończeniu przetwarzania.

Tabela 3.17

Aktualne i przewidywane poziomy skażenia obszaru składowiska odpadów z Digmai

Kierunek:	Punkt kontrolny	Moc promienia gamma, mR/h	
		Istniejąca sytuacja	Wartości prognozowane
C-B	obwód zrzutu odpadów poprzeróbczych	600	630
	granica zanieczyszczenia	33	34
	granica zdrowia	18	18
Y-Z	obwód zrzutu odpadów poprzeróbczych	280	290
	granica zanieczyszczenia	33	33
	granica zdrowia	16	17

Jak widać, w porównaniu z obecnym stanem, pewne zmiany są przewidywane tylko wzdłuż konturu zwałowiska odpadów resztkowych. Nie obserwuje się zmiany granicy rozprzestrzeniania się zanieczyszczeń.

Tryb uwalniania radonu również ulegnie wielu zmianom. Radon emitowany na zalanym odcinku składowiska odpadów przeróbczych rozpuści się i nie dotrze do warstw powierzchniowych, ponieważ nie ma warunków do pionowej migracji roztworów. Jednak same rozwiązania będą źródłem radonu. Radon powstanie w roztworach w wyniku rozkładu radu i uwolni się do atmosfery podczas odgazowywania.

Uwolnienie radonu można oszacować za pomocą metody MU 2.6.1.1981-05 [112].

ERn= ARn Q ε, gdzie

ERn - specyficzne uwalnianie radonu, Bq/s

ARn - aktywność radonu w roztworze, Bq/m3;

Q - ilość roztworów, wchodząca w jednostkę czasu, m3/s;

ε - skuteczność odgazowania.

Aktywność radonu, w przypadku równowagi radioaktywnej, będzie równa aktywności radu i może osiągnąć 185 KBq/m3 [83]. Ilość przychodzących rozwiązań jest uzależniona od technologii produkcji. Zgodnie z [83] ilość odpadów płynnych można oszacować na 12 mln t/a lub 0,4 m3/s. Współczynnik odgazowania jest akceptowany zgodnie z MU 2.6.1.1981-05 równy 0,5. Powierzchnię części stawowej szacuje się na 0,5 km2. W tym przypadku jednostkowe uwalnianie radonu będzie wynosiło 0,08 Bq/m2s. Jest to o dwa rzędy wielkości niższy niż alokacja radonowa odwadnianych obszarów o powierzchni 7-8 Bq/m2s (tabela 3.1). Wyniki modelowania pokazują zatem, że prognoza wykazuje znaczny spadek średniego rocznego stężenia radonu w powietrzu w porównaniu z obecną sytuacją (tabela 3.18). Jak widać, wartości ERE radonu są zbliżone do tła.

Tabela 3.18

Porównanie wartości stężenia radonu w powietrzu według istniejących pozycji z danymi obliczonymi na przyszłość

№	Radon EROA, Bq/m3	
	Istniejąca sytuacja	Wartości prognozowane
1	8	8
2	8	8
3	7	7
4	39	9
5	47	9
6	45	8
7	69	9
8	68	8
9	9	9
10	10	8
11	7	7
12	8	8
Średnia	27.1	8.0

W związku z tym recykling i związane z nim składowanie płynnych odpadów promieniotwórczych nie będą miały w perspektywie krótkoterminowej znaczącego wpływu na rozprzestrzenianie się skażenia promieniotwórczego w atmosferze. Procesy związane z filtracją roztworu mogą mieć poważniejsze skutki. Procesy te mogą zostać zintensyfikowane przez tymczasowe zmiany w korpusie zwałowiska odpadów przeróbczych i zaporze.

3.2.2.2. Pochówek na wysypisku śmieci

Zakopanie składowiska odpadów poprzeróbczych w kopalni Digmajskoje wymaga poniesienia znacznych kosztów materiałowych. Nie istnieje jednak żadna inna realna alternatywa dla zmniejszenia zagrożeń dla środowiska. Powierzchnia składowiska odpadów poflotacyjnych wynosi 90 ha. W przypadku podjęcia decyzji o pokryciu zwałowiska odpadów przeróbczych warstwą neutralnego gruntu, bardzo ważna staje się kwestia minimalnej wystarczającej pojemności warstwy.

Obliczenia minimalnej mocy wymaganej do osiągnięcia standardów JV LCP-91, wykonano zgodnie z metodologią przedstawioną w p. 3.2.1.2. Jako parametry wstępne do obliczeń przyjęto wyniki badań przeprowadzonych w 2008 r. - maksymalna moc promieniowania gamma 2800 mcR/h, gęstość strumienia radonu 8,5 Bq/m2s. Wyniki przedstawione są w tabeli 3.1 9.

Tabela 3.19

Minimalna pojemność d warstwy ocynowanej dla składowiska odpadów przeróbczych Digmai

Parametr	Klasa 50÷25 mm	Klasa 25÷10 mm	Klasa < 10 mm
Wartość d w parametrze mocy promieniowania gamma, m.	0.81	0.67	0.56
Wartość d według parametru emisji radonu, m.	1.7	1.4	0.6

Wyznacznikiem obliczonej pojemności warstwy puszki jest gęstość strumienia radonu.

Po zakończeniu prac związanych z zakopaniem hałdy, powierzchniowe zapylenie ustaje, a tym samym masowe przenoszenie substancji radioaktywnych w łańcuchu przeróbczym - atmosfera - gleba ustaje. W tym przypadku aktywność izotopów w górnych warstwach gleby zmniejsza się na skutek migracji i rozkładu. Dynamikę czasową tych procesów można przewidzieć za pomocą modelu matematycznego podanego w punkcie 2.2.9.

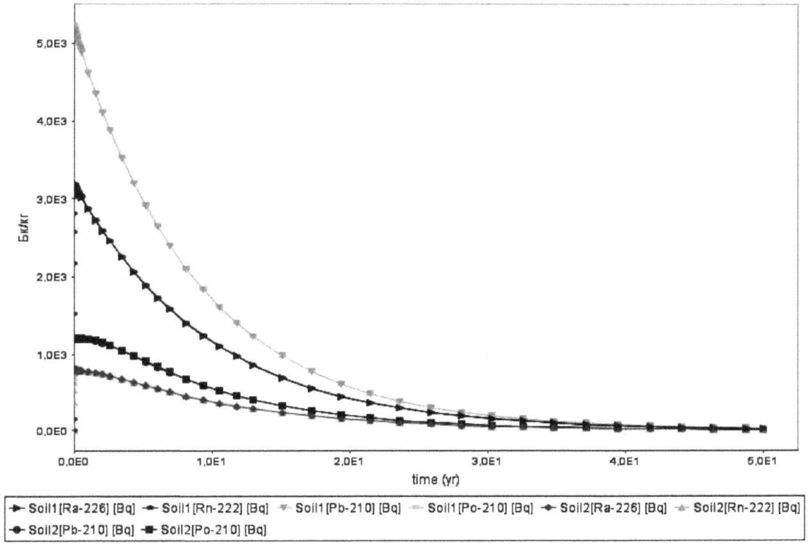

Rys. 3.18. Przewidywany spadek aktywności izotopów po rekultywacji

Na Rys. 3.18 przedstawia krzywe spadku aktywności izotopów w glebie na przestrzeni czasu. Porównując aktywność radu z dopuszczalnymi normami [85], można stwierdzić, że gleby te mogą być stosowane w budownictwie jako materiał III klasy (budowa dróg poza osiedlami) pięć lat później jako materiał II klasy w ciągu 15 lat i 22 lata później jako materiał I klasy o aktywności mniejszej niż 370 Bq/kg bez ograniczeń.

Model dynamiki czasu charakteryzuje zmianę aktywności izotopów w czasie w danym punkcie na powierzchni. W celu rozszerzenia obliczeń na cały obszar przyległy konieczne jest połączenie modelu czasowego z przestrzennym modelem rozprzestrzeniania się zanieczyszczeń promieniotwórczych. W końcowym wzorze (2,8), który określa natężenie promieniowania gamma, wprowadza się współczynnik *Kt,* wykazujący spadek natężenia w czasie. Formuła (2.8) ma formę:

$S\gamma = \underline{C}\, N\, Kt,$

Współczynnik *Kt* jest obliczany zgodnie z wykresem na rys. 3.19 jako stosunek aktywności radu w obliczonym czasie do jego początkowej aktywności. Tak więc, na przykład, przez okres 10 lat będzie to 0,4, przez okres 20 lat będzie to 0,16.

Na rysunku 3.19 przedstawiono przestrzenny rozkład zanieczyszczeń po 15 latach od zakończenia prac rekultywacyjnych.

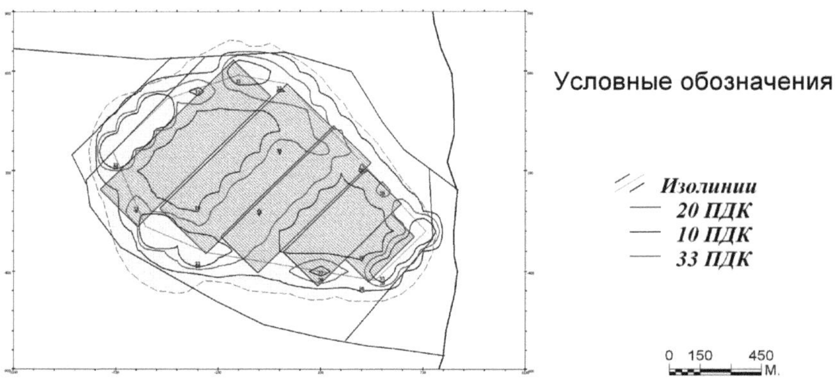

Rys. 3.19. Prognoza poziomu skażenia promieniotwórczego 15 lat po rekultywacji

Jak widać, nawet po tak długim czasie, w okolicy znajdują się obszary, w których dawka promieniowania gamma przekracza ustalone normy. Dlatego też, jako jedną z możliwości rekultywacji, można zalecić wykorzystanie gruntu z boków składowiska odpadów przeróbczych jako materiału warstwy ochronnej. W tym przypadku należy usunąć górną warstwę gleby i umieścić ją w podstawie powłoki. Taka technologia pozwoli na odzyskanie nie tylko obszaru zajmowanego przez sam składowisko odpadów, ale także całego terytorium w ramach strefy ochrony sanitarnej.

3.2.3. Zakopane wysypisko śmieci ogonowej w mieście Gafurov

3.2.3.1. Przeniesienie materiału z wysypiska odpadów przeróbczych

Na etapie przygotowania do pochówku rozważano różne warianty, w tym przeniesienie i pochówek w innym miejscu. Jednakże w tamtym czasie nie zostało to uznane za właściwe. Niemniej jednak, w pewnej perspektywie składowisko odpadów przeróbczych może być interesujące jako miejsce inwestycji w zakresie odzyskiwania uranu pozostawionego w odpadach. W tym przypadku wysypisko ogonowe zostanie przeniesione. Ponieważ wysypisko śmieci znajduje się w najbliższym sąsiedztwie osiedla mieszkaniowego, kwestie bezpieczeństwa radiacyjnego są niezwykle istotne. Cały łańcuch procesów, w tym otwieranie, załadunek i transport, musi być dokładnie przeanalizowany pod kątem zagrożeń dla środowiska.

Otwarcie zrzutni odpadów resztkowych wiąże się z zastosowaniem schematu podobnego do tego, który jest stosowany na mapach 1-9 dotyczących zrzutni odpadów resztkowych. W tym przypadku parametry emisji w miejscu załadunku będą podobne. Aby symulować pył transportowy, w obliczeniach uwzględniono źródło konwencjonalnie zlokalizowane na autostradzie Gafurov-Khujand w bezpośredniej bliskości dzielnicy mieszkalnej. Parametry tego źródła określane są zgodnie z kompendium [106]. Metodą tą wyznaczono standard wdmuchiwania dla materiałów umiarkowanie zapylonych z różnymi prędkościami. Przyjmuje się, że prędkość wdmuchiwania wynosi 40 km/h (11 m/s). W tym przypadku specyficzne rozdmuchiwanie wynosi 0,3 g/m2s. Moc źródła przy powierzchni zabudowy 6 m2 wyniesie 1,8 g/s, co odpowiada 1,9-10-3 KBq/s. Wyniki modelowania są przedstawione na Rys. 3.20.

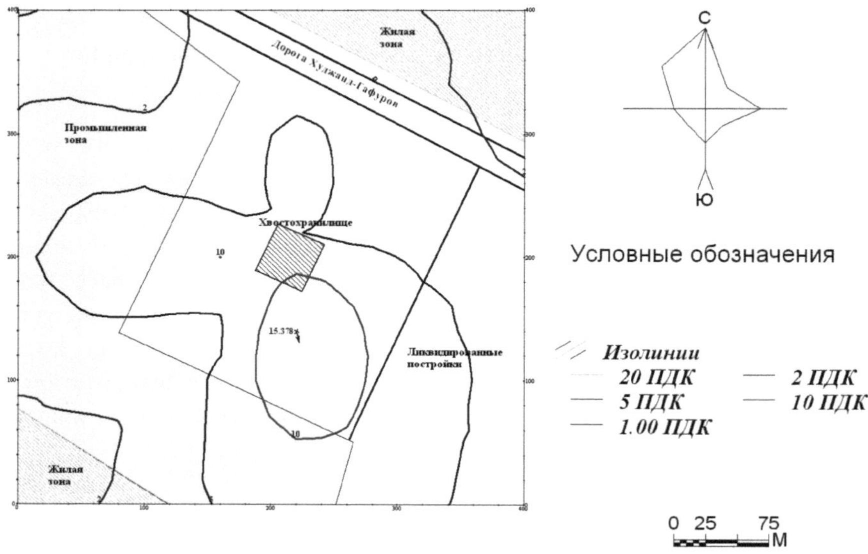

Rys. 3.20 Obliczone obciążenie dawki przy zmianie lokalizacji zrzutu odpadów przeróbczych Gafurov

Zgodnie z wynikami symulacji, obciążenie dawki w obszarze mieszkalnym może być ponad dwukrotnie większe niż dopuszczalne. Dlatego też ta opcja przetwarzania materiału przeróbczego stanowi zagrożenie dla społeczeństwa i nie może być podjęta bez dodatkowych środków ochronnych, takich jak nawilżanie materiału podczas załadunku i transportu.

3.3. Wybór optymalnego zestawu modeli

Optymalny kompleks modelowania fizycznych i chemicznych procesów migracji substancji promieniotwórczych do atmosfery ma na celu zapewnienie rozwiązania problemów projektowego monitoringu sytuacji radiacyjnej na wszystkich etapach eksploatacji składowisk odpadów promieniotwórczych. Tak więc monitoringowi projektowemu towarzyszy niezbędna ilość badań instrumentalnych.

Proponowany kompleks obejmuje takie elementy jak:

- instrumentalne i obliczeniowe monitorowanie uwalniania substancji promieniotwórczych do atmosfery;
- modelowanie migracji substancji radioaktywnych do atmosfery;
- do przewidywania i kontrolowania poziomu skażenia radioaktywnego w atmosferze;
- modelowanie sytuacji w zakresie promieniowania dla obecnego stanu i przyszłości w granicach składowisk odpadów promieniotwórczych i obszarów przyległych.

Kompleks modeli pozwala na rozwiązywanie tych zadań na etapach formowania, użytkowania, konserwacji i zakopywania składowisk retencyjnych. Analiza danych uzyskanych za pomocą różnych modeli i technik określa zakres ich zastosowania. Na podstawie analizy można wyciągnąć szereg fundamentalnych wniosków.

Priorytetem jakościowego i ilościowego określenia emisji substancji radioaktywnych do atmosfery w przyszłości są metody obliczeniowe. Emisje substancji promieniotwórczych do atmosfery do istniejącej sytuacji są określane zarówno za pomocą metod obliczeniowych, jak i instrumentalnych.

Zarówno model Gaussa jak i OND-86 mogą być wykorzystane do rozwiązywania problemów modelowania fizycznych i chemicznych procesów turbulentnej dyfuzji zanieczyszczeń w atmosferze. Niemniej jednak model Gaussa, przy określaniu całkowitego stężenia substancji promieniotwórczych, wykazuje najlepszą zgodność z danymi doświadczalnymi. Model OND-86, w większym stopniu, jest przeznaczony do obliczania maksymalnego stężenia jednorazowego użytku substancji o wspólnym działaniu toksycznym.

Model osadzania na powierzchni podłoża nie daje żadnych istotnych korzyści w przypadku modelowania rozprzestrzeniania się skażenia promieniotwórczego. Wynik rozprzestrzeniania się zanieczyszczeń na obszarach przylegających do składowisk odpadów przeróbczych najlepiej opisać za pomocą autorskiego modelu (2.3.2) z wykorzystaniem matematycznej aparatury rozdzielczej Gaussian.

Przewidywanie skażenia sąsiednich obszarów powinno obejmować modelowanie procesów fizycznych i chemicznych w górnych warstwach gleby, odzwierciedlające akumulację, migrację i rozkład substancji promieniotwórczych. Procesy te charakteryzują się proponowanym modelem blokowym (3.1.1.3).

Wraz z oprogramowaniem metodycznym konieczne jest zapewnienie sprzętu i narzędzi programowych do rozwiązywania zadań.

Podsumowując powyższe, zaproponowano optymalny kompleks, przedstawiony w tabeli 3.20.

Tabela 3.20

Kompleks środków do modelowania i kontroli masowego przenoszenia zanieczyszczeń radioaktywnych w atmosferze

№	Rozwiązanie problemu	Wsparcie metodologiczne	Sprzęt i oprogramowanie
1	Określenie mocy uwalniania radonu z powierzchni składowisk odpadów przeróbczych	Metoda instrumentalnej kontroli gęstości strumienia radonu [65].	Radiometr radon RRA-01M-03. Firmware
3	Prognoza dotycząca zdolności do emisji zanieczyszczeń w głównych procesach technologicznych przetwarzania, przenoszenia i konserwacji materiału z hałd końcowych	Zatwierdzone metody obliczania emisji [106, 109, 112] dostosowane do uwalniania substancji promieniotwórczych. Opracowana metodologia obliczania właściwości ochronnych gleb obojętnych (3.2.1.2)	Standardowe oprogramowanie Microsoft Office. Pomiary z wykorzystaniem ekspresowego sprzętu sterującego (RRA-01M-03, SRP-68, SRP-88, ISS-07). Pomiary zintegrowane z wykorzystaniem technologii Radosys
4	Modelowanie migracji zanieczyszczeń do atmosfery, prognoza średniego rocznego stężenia substancji radioaktywnych w atmosferze, obliczanie ładunków dawek	Gaussova model atmosferycznych procesów dyfuzji burzliwej [36,37], metodologia MAEA [107].	Pakiet oprogramowania EPB [91] dostosowany do zadań związanych z migracją atmosferyczną substancji promieniotwórczych (p.2.3.1.2). Kontrola instrumentalna
5	Symulacja rozprzestrzeniania się skażenia promieniotwórczego na sąsiednie terytoria	Autorski Model Atmosferycznej Migracji i Depozycji Substancji Radioaktywnych (2.3.2) wykorzystujący Dystrybucję Gaussian.	Dostosowany pakiet oprogramowania ERA
6	Symulacja zmian w poziomie zanieczyszczenia obszarów przyległych w czasie	Autorski model akumulacji, rozkładu i migracji substancji promieniotwórczych w glebach powierzchniowych (2.3.3.2)	Pakiet oprogramowania Ecolego.

Dany kompleks pozwala na obliczenie alokacji substancji promieniotwórczych w atmosferze, modelowanie fizycznych i chemicznych procesów migracji zanieczyszczeń do atmosfery, rozwiązywanie problemów prognozowania skażeń promieniotwórczych sąsiednich terenów.

Literatura

1. Negin E.A. i inni. Radziecki projekt nuklearny. Niżny Nowogród - Arzamas-16. - Opublikowano w "Niżnym Nowogrodzie", 1995, 205 s.

2. Z uchwały GKO № 7102 s/v "O środkach zapewniających rozwój wydobycia i przetwarzania rud uranu" RGASPI. F. 644, op. 1, 423, ss. 169-175. Oryginalny. [Zasoby elektroniczne] URL http://test.atomexpo.ru/common/img/uploaded/files/museum-documents/01-Documents_GKO/06-iz-pOST_gko-08-12-44.pdf (data adresu: 13.07.2009).

3. Sobolev A.I., Korenkov I.P., Verbov V.V. i inni. Naturalne, antropogeniczne i technogeniczne źródła napromieniowania ludzi. - Moskwa: Prima, 1995. 92c.

4. Materiały z siódmego posiedzenia Komisji ds. Pokojowego Wykorzystania Energii Atomowej WNP. - Almaty, 22 kwietnia 2005. 22c.

5. Odpady przeróbcze uranu w Azji Środkowej: problemy krajowe, skutki regionalne, rozwiązania globalne. /Dokument ramowy dla Międzynarodowego Forum. Genewa, 29 czerwca 2009 r. 44 c.

6. Smirnow Yu. B. Odpady z zakładów produkcji uranu oddziałują na środowisko (w języku rosyjskim) / Yu.V. Smirnov, I.D. Sokolova, I.V. Blinova, M.A. Elatomtseva. - Moskwa: TsNIIAtominform, 1992. - – 235 c.

7. Sobotowicz E.V., Bartnycki E.N., Caoan O.V. i inni. Podręcznik geochemii izotopowej. - Moskwa: Energoatomizdat, 1982. 241 c.

8. Kozlov V.F. Handbook on radiation safety. Izd. 3. - Moskwa: Energoatomizdat, 1987. 192 c.

9. Promieniowanie. Dawki, wady, ryzyko. /Per. od Yu. - Moskwa: Świat, 1990. 78 c.

10. Kotenko, E.A. Rock properties and environment protection at mining and processing of the uranium ores (in Russian) // Mountain bulletin. - – 1995. № 2. - – c. 51 - 56.

11. Akimov A. M. Model powstawania naturalnych radionuklidów w atmosferze podczas wydobycia i przetwarzania rud uranu. Zbirnik naukowy prats SNUYAETAP. 2008. №4. c 101-109.

12. Bzdurna hydrofizyka nuklearna B.A. - M., Atomizdat, 1970, 224s.

13. Wybrane rozdziały z książki "Radioekologia" profesora M.G. Davydova. Południowy Uniwersytet Federalny. 2004. URL: http://phys.rsu.ru/web/nuclear/radioecologie/index.htm (data adresu: 13.02.2010).

14. Beckman I.N. Radiochemistry: Kurs wykładów. Moskiewski Uniwersytet Państwowy im. Łomonosowa. 1990. URL: http://profbeckman.narod.ru/RH0.htm (data adresu: 02.12.2009).

15. S.Z.Ibragimov. Geofizyka nuklearna: podręcznik do samodzielnego studiowania na kierunku wykładowym w ramach specjalności "Geofizyka". - Kazań: Uniwersytet Stanowy Kazań, 2008. - – 90 c.

16. Sh.Z.Ibragimov Podręcznik szkoleniowy do praktycznej pracy na kursie "Geofizyka jądrowa" dla studentów specjalności "Geofizyka" - Kazań: Kazański Uniwersytet Państwowy, 2009. - – 37 c.

17. Wzorce rozpadu radionuklidów. Energia i natężenie promieniowania. Część 2. Księga 2. - M.: Energoatomizdat, 1987. 480 c.

18. Glinka, N.L. Chemia ogólna: Podręcznik dla szkół średnich - 23-te wydanie, s. / Pod redakcją V.A. Rabinovicha. - L.: Chemia, 1983. - – 704 c. Muł.

19. Razykov Z.A., Gusakov E.G., Marushchenko A.A. i inni. Złoża uranu w Tadżykistanie. - Khujand: "Khuroson" LLC, 2001. 212 c.

20. Akimov, A.M. Physico-chemical factors determining the possibility of the repeated uranium recovery from the uranium industry industries tailings dumps (in Russian) / A.M. Akimov, P.G. Per'kov, V.V. Krawczenko i inni. (w języku rosyjskim) // Voprosy chemii i technologii chemicznej. - Dniepropietrowsk: UGKhTU, 2007. - – № 1. - – c. 44 - 47.

21. Akimov A. M. Model powstawania naturalnych radionuklidów w atmosferze podczas wydobycia i przetwarzania rud uranu. Zbirnik naukowy prats SNUYAETAP. 2008. №4. c 101-109.

22. Porstenddrfer J. Właściwości i zachowanie się radonu i toronu oraz ich produktów rozkładu w powietrzu // J. Aerosol Sci. - 1994. - – V. 25. - – № 2. – P. 219 - 263.

23. S.S. Zamai, O.E. Yakubaylik. Szacowanie i prognozowanie modeli zanieczyszczenia powietrza przez emisje przemysłowe w systemie informacyjno-analitycznym dużych miejskich służb ochrony środowiska: podręcznik / Uniwersytet Krasnojarski. Krasnojarsk, 1998. 109 c.

24. Ogólne modele do zastosowania w ocenie wpływu wyładowań substancji radioaktywnych na środowisko: Międzynarodowa Agencja Energii Atomowej. Wiedeń, 2001. 229 c.

25. Beckman, I.N. Matematyczna aparatura dyfuzyjna [Zasób elektroniczny]: Moskiewski Uniwersytet Państwowy im. Łomonosowa. 1990. URL: http://profbeckman.narod.ru/MatDif.htm (data adresu: 02.12.2009).

26. Brodsky A.I. Chemia fizyczna. T 2. - Moskwa: Chemia państwowa. 1948, 998 c.

27. Berland M.E. Modern problems of atmospheric diffusion and air pollution. -L.: Hydrometeoizdat, 1975. -448 str.

28. Rozproszenie materiałów promieniotwórczych w powietrzu i wodzie oraz uwzględnienie rozmieszczenia ludności przy ocenie terenu elektrowni jądrowych. - Wiedeń: MAEA, 2004. 41 c.

29. Appleby A.J., Devell L., Mishra Y.K. i inni. Sposoby migracji sztucznych radionuklidów w środowisku. Radioekologia po Czarnobylu (w języku rosyjskim) / Pod redakcją F. Warnera i R. Horrisona; Per. z języka angielskiego pod redakcją A.G. Ryaboshapko. - Moskwa: Świat, 1999. 512 c.

30. Samarskaya, E.A.; Susan, D.V.; Tishkin, V.F. Budowa modelu matematycznego rozkładu zanieczyszczeń w atmosferze. 1997. T.9, [1]11, S.59-71.

31. Nasedkin, A.V.; Natkhina, R.I. Numeryczne rozwiązanie płaskich niestacjonarnych problemów dotyczących awaryjnego rozkładu emisji w atmosferze dzielnicy miejskiej przy użyciu ANSYS/FLOTRAN (w języku rosyjskim) // Ekologia, ekonomia, ekspertyzy, informatyka. XXIX seminarium szkolne "Modelowanie matematyczne w regionalnym centrum zarządzania środowiskiem", 10-15 września. 2001. - Rostów nad Donem: Wydawnictwo SKNTs VSH, 2001. C.40-41.

32. Volosevich, P.P.; Levanov, E.I. Automobile solutions for the gas dynamics and heat transfer problems. - Moskwa: Wydawnictwo MIPT, 1997. - 240 c. - 5-89155-014-8.

33. Chrysikopoulos C.V., Hildmann L.M., Roberts P.V. A three-dimensional steady-state atmospheric dispersion-deposition model for emission from a ground-level area source // Atmos.Env., 1992. V.26A.N.5.Pp747-757.

34. Shcherbakov A.Yu. Reżim meteorologiczny i miejskie zanieczyszczenie powietrza. - Kalinin: Wydawnictwo KSU, 1987.

35. Talerko N.N. Cechy fizyczne i ograniczenia modeli transportu atmosferycznego radionuklidów dla różnych skal czasoprzestrzennych. Problemy bezpeki atomowego elektoratu i Chornobyl. Vip. 11. Kijów. 2009, c 57-62

36. Belov I.V., Bespalov M.S., Klochkova L.V., Pavlova N.K., Susan D.V., Tishkin V.F. Comparative Analysis of Some Mathematical Models for Processes of Air Pollution Propagation Propagation. Modelowanie matematyczne, 1999, t. 11, nr 7.

37. Ochrona atmosfery przed zanieczyszczeniami przemysłowymi: odniesienie. ed. w ciągu 2 godzin. Część 2. Per. z: English / Pod ed. Calvert S., Inglund GM - M.: Metallurgy, 1988. 712 c.

38. Pasquil F., The Estimation of Dispersion of Windborne Material. The Meteorological Magazine 90 (1063), 1961. 33-49 c.,

39. Turner D.B. Dodatek do TUPOS - Włączenie algorytmu Hezytantu Plume Algorytmu. 1986. EPA-600/8-86/0.27. U.S. Environmental Protection Agency, Research Triange Park, NC (dostępne tylko w NTIS, numer przystąpienia PB86-241 031/AS).

40. Briggs G.A. Analityczna parametryzacja dyfuzji: konwekcyjna warstwa graniczna // J. Clim. Zastosowanie. Met. 1985.V. 24/ Pp. 1167-1186.

41. Turner D.B., Bender L.W., Paumier J.O., Boone P.F. Evaluation of the TUPOS air quality dispersion model using data from EPRI KINCAID field study //Atmos.Env. 1991. V. 25A. N.10. str. 2187-2201.

42. Aloyan A. E. Modelowanie matematyczne w problematyce środowiska (po rosyjsku) / A.E. Aloyan, W.E. Penenko, W.V. Kozoderov //

Współczesne problemy matematyki obliczeniowej i modelowania matematycznego. - Moskwa: Nauka, 2005. - VOL. 2. - STR. 279-351.

43. Veltishcheva N.S. Metody modelowania przemysłowych zanieczyszczeń atmosfery. (recenzja) / N.S. Veltishcheva. - Obninsk, 1975. - – 38 c.

44. Berlyand, M.E. Modern problems of the atmospheric diffusion and air pollution (in Russian) / M.E. Berlyand. - L.: Hydrometeoizdat, 1975. - – 448 c.

45. Methodology of Calculation of Fields of Concentrations in the Air of Hazardous Substances Containing in Emissions of Enterprises /OND-86/, - L. : Gidrometeoizdat, 1987. 93 c.

46. A.V. Shestopalov. Zwiększenie dokładności kontroli stężenia emisji w atmosferze miejskiej przez źródła stacjonarne. Praca dyplomowa dla kandydata nauk technicznych. - Omsk, 2007.- 114 s.: szlam. RGB OD, 61 07-5/4178

47. Byzova N.L., Garger E.K., Ivanov V.N. Eksperymentalne badania dyfuzji atmosferycznej i obliczenia rozkładu zanieczyszczeń. - L.: Gidrometeoizdat, 1991.

48. Metodologia przewidywania skali zanieczyszczenia silnymi trującymi substancjami w wypadkach (zniszczenia) w chemicznie niebezpiecznych obiektach i transporcie. Wytyczne RD 52.04.253-90. - L.: Hydrometeoisdat. 2000 33 c

49. Techniki i podejmowanie decyzji w ocenie skutków awarii w obiekcie jądrowym /Seria bezpieczeństwa, N.86, Międzynarodowa Agencja Energii Atomowej. Wiedeń, 1987. 185 p.

50. Buikov, M.V. O wzroście wiatrów cząsteczek aerozolu (w języku rosyjskim) // Meteorologia i hydrologia. - – 1992. - – № 4. - – C. 45–53.

51. Pakiet oprogramowania ERA. Księga 7. Modele obliczeniowe inne niż OND-86. - Nowosybirsk, Logos-Plus, 2007. 25 c.

52. Gazijew Ya.I., Sosnova A.K. Fizyczne i matematyczne modelowanie procesu zanieczyszczenia gleby z powietrza emisją dymu przemysłowego do atmosfery i produktów ich fizycznych i chemicznych przemian. - Postępowanie IEM, tom 14(129), - M: Gidrometeoizdat, 1987. s. 3-15.

53. Borzilov V.A., Senilov N.B., Model opadu zanieczyszczeń przemysłowych na glebę. - Proc. z IEM, tom 7(76), - Moskwa: Gidrometeoizdat, 1977.- s. 26-35.

54. M.E. Berlyand, E.L.Genikhovich, S.S.Chicherin Podstawy teoretyczne i metody obliczania pola średniego rocznego stężenia zanieczyszczeń ze źródeł przemysłowych. - Postępowanie A.I.Voeikova GGO, Postępowanie E.L.Genikhovicha, S.S.Chicherin. 479.-L.: Hydrometeoizdat.- 1984, str.3-16.

55. S.G.Kovyrshin, N.I.Bezzubov, Z.A.Razykov, M.M.Yunusov. Uzasadnienie dostosowania modelu normatywnego do rozwiązywania problemów związanych z rozprzestrzenianiem się zanieczyszczeń radioaktywnych w atmosferze. Raporty ANRT, tom 51, nr 4, s. 295-298.

56. Wytyczne dotyczące organizacji kontroli środowiska naturalnego w rejonie EJ / red. Mahonko K.P. - L.: Gidrometeoizdat, 1990. 264 c.

57. Polski O.G., Sobolew I.A., Shapin O.B. i inni. Koncepcyjne podstawy monitoringu radiacyjnoekologicznego. (w języku rosyjskim) // 15. kongres Mendelejewa o chemii ogólnej i stosowanej; Obińskie sympozjum "Problemy radiologiczne w energetyce jądrowej i przy konwersji produkcji". Obninsk, 1993. T. 1. C. 310.

58. Polskie O.G. i inne. Główne wyniki i zadania dalszych prac w zakresie ochrony środowiska przed skażeniem radioaktywnym (w języku rosyjskim) // Sb.: Rzeczywiste problemy higieny radiacyjnej. - – M. :, 1983. C. 142.

59. 92. Instrukcja dla pieszych obrazowania gamma w masowych poszukiwaniach uranu. - M.: Mingeo ZSRR. 76c.

60. Wymagania dotyczące badań geologicznych i ekologicznych oraz mapowania w skali 1:50 000 - 1:25 000. 127c.

61. Geofizyczne metody badań. W.K. Chmelewskoj, Yu.I. Gorbaczow, A.W. Kalinin, M.G. Popov, N.I. Seliverstov, W.A. Shevnin. Podręcznik do specjalizacji geologicznych szkół wyższych. Petropavlovsk-Kamchatsky: Wydawnictwo KSPU, 2004, 232 s.

62. Radiometryczne metody poszukiwania i rozpoznawania rud uranu. - M: Gosgeoltekhizdat, 1957. 610c.

63. Żukowski M.V., Jaromsczenko I.V. Radon: pomiar, dawki, ocena ryzyka. Jekaterynburg, Oddział Rosyjskiej Akademii Nauk na Uralu, 1997. 232 c.

64. Serdyukova A.S., Kapitanov Yu.T. Radon izotopy i krótko żyjące produkty ich rozkładu w przyrodzie. - Moskwa: Atomizdat, 1963. - 312 c.

65. Radiometr radon RRA-01M-03. IHFK 412124.003 Instrukcja obsługi RE. - Moskwa: "Dawka", 2004. 36 c.

66. Maximov, M.G.; Ojagov, G.O. Zanieczyszczenia radioaktywne i ich pomiar: podręcznik szkoleniowy. - Moskwa: Energoatomizdat, 1989. - – 304 c.

67. Określenie aktywności naturalnych radionuklidów w obiektach środowiskowych. Podręcznik metodyczny. Przedsiębiorstwo Badawczo-Produkcyjne "AKP", Kijów. 1992. 59 c.

68. Spektrometr SE-BG-01-"AKP"-70-63 Podręcznik. - Kijów: SPE "AKP", 1992. 28 c.

69. A.N.Murin. Fizyczne podstawy radiochemii. - Moskwa: Szkoła Wyższa, 1971. 288 c.

70. A. V. Afanasiev, NEA Shoemaker, DV Mosesev. Sposoby rozwiązania problemu analizy składu izotopowego radioaktywnych gazów negatywnych i aerozoli w praktyce bezpieczeństwa radiacyjnego. Zbirnik drukuje naukowo SNUYAETAP. 2008. №4. c 67-73.

71. Radiometr odpowiadający równoważnej aktywności objętościowej radonu RGA-09M. Instrukcja obsługi TE1.415313.006-01 RE, 2002. 27 c.

72. Zalecenia metodologiczne dotyczące wyposażenia sprzętowego regionalnych programów celowych Radonu. - Moskwa: "Radon", 1996. 58 c.

73. Terent'ev, M.V. Wspólne określenie stężenia 222Rn i 220Rn w powietrzu (w języku rosyjskim) // Atomic Energy. 1986. 61.№ 3. C. 192-195.

74. Ochrona przed promieniowaniem radioaktywnym w miejscach pracy innych niż kopalnie. – Wiedeń, MAEA, 2003. 74 c.

75. HSI. Aktywność objętościowa radonu w powietrzu. Metody pomiaru za pomocą radonowych zintegrowanych radiometrów torowych. SPb, 1992. 11 c.

76. Marinen A.M. Pomiar aktywności objętościowej radonu metodą torpedową. ANRI, 1995, №3/4 c 85-88.

77. Radon. Pomiar aktywności ilościowej metodą integralnego śledzenia w obiektach produkcyjnych, mieszkalnych i użyteczności publicznej. Technika pomiarowa MVI 2.6.1.003-99. M:, 1999. 34 c.

78. Solovovov A.P. Podstawy teorii i praktyki badań metalurgicznych. - Alma-Ata. Opublikowano w Akademii Nauk Kazachskiej SRR, 1959.266s.

79. K.I. Lukashev, W.K. Geochemiczne poszukiwanie pierwiastków w strefie hipergenezy. W 2кн. Kn.1.Teoretyczne podstawy poszukiwań geochemicznych. - Mińsk: Nauka i technika, 1967. 379c.

80. Tkachev Yu.A., Shshin A.A. Przetwarzanie próbek mineralnych. - Moskwa: Nedra. 1987. 190c.

81. OST 56-81-84 "Soil Field Research". Porządek i metody pracy, podstawowe wymagania dla wyników" - M.: Norma Państwowa, 1986 16 s.

82. Google Earth. M:. Alex Soft, 2007. 1 elektroniczny dysk hurtowy (DVD-ROM).

83. V.N. Mosinety. Odpady radioaktywne przedsiębiorstw zajmujących się wydobyciem uranu i ich wpływ na środowisko naturalne. - – M. M. : Nuclear Energy, tom 50. wydanie 5 z 1991 r. str. 282- 287.

84. V.N. Mosinets, M.V. Gryaznov... Przemysł wydobywczy uranu i środowisko naturalne. - – M. M. : Energoatomizdat. 1983. 121c.

85. Normy bezpieczeństwa radiologicznego (NRB-06). SP2.6.1.001-06. - Dushanbe, AYARB, 2006. 172 c.

86. Yanin E.P., Rezenkova N.I., Zhuravleva M.G. Technogenic Silt Potential Source of Secondary Pollution in River Systems. Badania geoekologiczne i ochrona podłoża. Zbieranie informacji naukowych i technicznych. /- Moskwa. Geoinformark. 1992. wydanie 1 z 43-45.

87. M.M. Yunusov, N.I. Bezzubov, H.I. Tilloboev, S.G. Kovyrshin Charakterystyka fizykochemiczna odpadów poeksploatacyjnych Digmai. (w języku rosyjskim) // Raporty ANRT, t 50, № 6, s. 527-531.

88. Przepisy sanitarne dotyczące likwidacji, konserwacji i zmiany profilu przedsiębiorstw zajmujących się wydobyciem i przetwarzaniem rud promieniotwórczych. (JV LKP-91). - – M:. Norma państwowa, 1991, 76 str.

89. Bezzubov N.I., Kovyrshin S.G., Razykov Z.A. Ekologiczne aspekty wtórnego przetwarzania odpadów promieniotwórczych. (w języku rosyjskim) // Obrady II republikańskiej konferencji naukowo-praktycznej "Zastosowanie nowoczesnych technologii w przetwarzaniu minerałów w hutnictwie". Chkalovsk, GMIT, 2008. s. 22-30.

90. Wstępny raport. Projekt regionalnej współpracy technicznej "Bezpieczna gospodarka odpadami wydobywczymi i przetwórczymi rud uranu w krajach Azji Środkowej": MAEA, Austria, Wiedeń, 2008. 164 c.

91. Pakiet oprogramowania ERA. Księga 1. Postanowienia ogólne, przepisy, przedmioty zanieczyszczające atmosferę. - Nowosybirsk, Logos-Plus, 2006. 60 c.

92. "Instrukcja inwentaryzacji emisji zanieczyszczeń do powietrza", - L: Goskomhydromet, 1991.

93. Pakiet oprogramowania ERA. Księga 2. Zapasy i wydanie woluminów DVD. - Nowosybirsk, Logos-Plus, 2006. 60 c.

94. Pakiet oprogramowania ERA. Księga 3. Blok obliczeniowy - ERA-RB. - Nowosybirsk, Logos-Plus, 2007. 64 c.

95. Pakiet oprogramowania ERA. Księga 4. Blok graficzny - ERA Lord. - Nowosybirsk, Logos-Plus, 2007. 68 c.

96. Normy bezpieczeństwa radiologicznego (NRB-99/2009). SP 2.6.1.2523-09. - Moskwa: Energetyka jądrowa, 2010. 225 c.

97. Oprogramowanie Ecolego. Sztokholm. Facilia, 2007. 1 elektroniczny dysk hurtowy (DVD-ROM).

98. Prochorow V.M. Migracja skażeń radioaktywnych w glebie. Mechanizmy fizykochemiczne i modelowanie (w języku rosyjskim) / Pod redakcją R.M. Aleksachina. - Moskwa: Energoizdat. 1981. 98 c.

99. Ćwiczenia do podręcznika użytkownika Ecolego. Materiały z warsztatów, Alma-Ata, 2009. 43 c.

100. Erinberg A. Analiza i interpretacja danych statystycznych. B.I. Klimenko, Per. /Pod, red. i od A.A. Ryvkina przedmowa: Finanse i statystyka, 1981, 406 s.

101. Kovyrshin S.G., Bezzubov N.I., Razykov Z.A., Faizulloev B.G. Pakiet oprogramowania "ECOLEGO" i jego zastosowanie w rozwiązywaniu problemów ekologii promieniowania. (w języku rosyjskim) // Materiały z konferencji naukowo-praktycznej "Jedność narodu. Rozwój nauki i technologii" 24 kwietnia 2009 r. Chkalovsk, GMIT. 2009 c.107-112

102. Kovyrshin S.G., Bezzubov N.I., Razykov Z.A., Yunusov M.M. Modelowanie procesów migracji radonu atmosferycznego. /"Dolina Ferghana: główne problemy technogenicznego dziedzictwa uranu w Tadżykistanie" Tadżykistan, Kairakkum, 3-7 lipca 2005 r. od 35-40.

103. Bezzubov N.I., Yunusov M.M., Kovyrshin S.G., Khochiyon M.K. Problemy ekologii przy otwieraniu składowisk odpadów radioaktywnych. Dziennik Górniczy nr 8 - M. : "Ruda i metale", 2009, s.72-75.

104. Kovyrshin S.G., Bezzubov N.I., Razykov Z.A. Zastosowanie matematycznej metody modelowania do przewidywania dawek przy otwieraniu składowisk odpadów radioaktywnych. Materiały II Republikańskiej Konferencji Naukowo-Praktycznej "Zastosowanie nowoczesnych technologii w przetwarzaniu kopalin górniczych w hutnictwie". Chkalovsk, GMIT, 2008. s. 62-72.

105. SP 2.6.1.798-99. Gospodarka surowcami mineralnymi i materiałami o zwiększonej zawartości naturalnych radionuklidów. - Moskwa: Norma państwowa, 1999. 8 c.

106. Zebranie metod obliczania emisji do powietrza przez różne gałęzie przemysłu. - – Л. L. : Hydrometeoisdat. 1986. 183 c.

107. Ogólne modele do stosowania przy ocenie wpływu zrzutów substancji promieniotwórczych do środowiska. (Seria raportów bezpieczeństwa, ISSN 1020-6450; nr 19). - Wiedeń: Międzynarodowa Agencja Energii Atomowej, 2001, 229 s.

108. Tilloboev H.I., Faizulloev B.G., Bezzubov N.I., Yunusov M.M. Radon migracja w środowiskach neutralnych o różnym rozkładzie wielkości

cząstek. /Na konferencji naukowo - praktycznej "Jedność narodu". Rozwój nauki i techniki" 24 kwietnia 2009 r. Chkalovsk, GMIT. 2009 c.122-125.

109. Radiometria i geofizyka jądrowa. Obliczanie pola gamma na podstawie obiektów geologicznych o dowolnym kształcie: metoda prowadzenia/kompozycji. V.P. Molev. - Władywostok: Wydawnictwo FSTU, 2006, 16 s.

110. Wielka Radziecka Encyklopedia. Wydanie 3. - Moskwa: Encyklopedia Sowiecka, 1974, t. 18. 354 c.

111. Yaroshinskaya A.A. Encyklopedia Jądrowa. - Moskwa: Fundacja Charytatywna Yaroshinskaya 1996, 656 s.

112. Promieniowanie jonizujące, bezpieczeństwo promieniowania. Kontrola radiacyjna i ocena higieniczna źródeł wody pitnej i źródeł wody pitnej za pomocą wskaźników bezpieczeństwa radiacyjnego. Optymalizacja środków ochronnych dla źródeł wody pitnej o zwiększonej zawartości radionuklidów. Instrukcja metodologiczna MU 2.6.1.1981-05 M.: 2005, 35 s.

Printed by Books on Demand GmbH, Norderstedt / Germany